美女是怎样炼成的

动脑大于动感情

李丹丹　李姗姗　编著

民主与建设出版社
·北京·

图书在版编目（ＣＩＰ）数据

动脑大于动感情 / 李丹丹，李姗姗编著 . -- 北京：
民主与建设出版社，2020.4

（美女是怎样炼成的；6）

ISBN 978-7-5139-2858-8

Ⅰ . ①动… Ⅱ . ①李… ②李… Ⅲ . ①女性—修养—
通俗读物 Ⅳ . ① B825.5-49

中国版本图书馆 CIP 数据核字 (2020) 第 064373 号

动脑大于动感情

DONG NAO DA YU DONG GAN QING

出 版 人	李声笑	
编　　著	李丹丹　李姗姗	
责任编辑	刘树民	
封面设计	大华文苑	
出版发行	民主与建设出版社有限责任公司	
电　　话	（010）59417747 59419778	
社　　址	北京市海淀区西三环中路 10 号望海楼 E 座 7 层	
邮　　编	100142	
印　　刷	三河市德利印刷有限公司	
版　　次	2020 年 5 月第 1 版	
印　　次	2020 年 5 月第 1 次印刷	
开　　本	880 毫米 ×1230 毫米　　1/32	
印　　张	5	
字　　数	125 千字	
书　　号	ISBN 978-7-5139-2858-8	
定　　价	238.00 元（全 10 册）	

注：如有印、装质量问题，请与出版社联系。

　　提起美女，我们的眼前就会出现容貌娇美、身材玲珑、笑容甜美的青春女子形象。她们就像春天的花朵，点缀着人生的美景；她们又像夏天的树荫，带给人们清凉和宁静；她们还像是秋天的果实，带给人们幸福和欢乐；她们更像冬天的暖阳，带给人们温馨和喜悦。

　　美女的一切都是令人愉悦的，她们柔美、温顺、恬静；她们漂亮、高贵、潇洒，她们是人间的天使，她们是万众的偶像。她们飘然前行于人们仰慕的目光里，她们优雅嬉戏于无限春光中。

　　她们中的很多人大把挥霍着自己的美貌和青春，却单单忘记了一件事，那就是韶华易老，青春易失，人生美好的年华只有短短的数年，待到岁月流逝，光华褪尽，一切都成为过眼烟云，她们只会留下人老珠黄的慨叹和无可奈何的哀鸣，以及被忙碌奔波生活磨光所有光彩的衰老躯体。

　　而另一种人，她们或许并不美丽，但却有独特的气质；不一定炫目，但一定让人感觉很舒服；她的智商不一非常高，但却有很高的情商，足以让她在生活、工作中游刃有余；她的生活中也有烦恼，但一定可以凭自己的智慧去化解。这样的一个女人，虽然没有过人的容貌，但却能凭借内在的气质，使美丽永驻。

　　修炼你的气质，沉淀你的内心，当气质美渗入你的骨髓，纵使岁月无情，你依然能凭着那份灵动、睿智、从容、淡定的气质成为最有魅力的那道风景。那么，女孩到底应该如何提升自己的气质，做个魅力美人呢？

　　本书就是专门为女孩准备的练就永恒美丽的智慧丛书，包括《生活需要仪式感》《优雅的女人最幸福》《动脑大于动感情》《气质女人的芬芳生活》《金刚芭比：做个又忙又美的女子》》《美女当自强》《做个性格完美的女孩》《做个灵魂有香气的女子》《生活需要你勇敢坚强》《把生活过成你想要的样子》10本。它从女孩的学习、工作、生活、习惯等细节入手，用优美的语言，生动的事例深入浅出地讲述了一个女孩应该如何通过修养自己，完善自己，最终使自己变成有内涵、有价值的魅力女性的人生道理，是一套值得每个女孩学习和收藏的珍品书籍。相信通过本套书的学习，一定会对大家迈向积极的人生之路起到极大的指导作用和推动作用。

目录

第一章
让自己与众不同

　　与众不同，就是与他人不一样，有超凡脱俗的地方。与众不同的女人并不是有多么漂亮，却永远给别人留下很深的印象，她们会给人一种豁达、开朗的感觉，同时，还具有干练、泼辣的工作作风。

　　只有让自己与众不同，你才能在这男人横行的世界争得一份份额，为日后的飞黄腾达取得进身之阶。

选择最适合自己做的事

女人在准备施展拳脚之前，应该充分了解自己的长处和短处，对自己有个正确的认识，然后根据自己的特长进行定位，选择适合自己发展的行业。

很多女性的成功，首先得益于她们充分了解了自己的长处，根据自己的特长来进行定位。如果不能充分了解自己的长处，只凭自己一时的兴趣和想法，那么定位就很不准确，就会有很大的盲目性。

如果一开始就对自己认识错误，那么即使她敢于秀出自己，并且在某种程度上取得了一些成效，但她最后的结果也只能是"竹篮打水一场空"。

因此，在选择职业时需先做一番冷静的思考，这对于初出社会的女人来说尤为重要。

你应该知道今后有哪些行业比较有发展前景，然后再分析自己是否适合该行业。如果你没有坚实的专业基础，那么做起事业来便缺乏信心，出错率也会相对增加，所以选择和自己的专业或个性特质相符的事业是很重要的。

凡是在事业上取得成就的人，都有一个共同的特点，那就是充分认识自己后做最适合自己的事。

台湾作家三毛自幼对艺术的感受力极强，五年级上课时偷偷地读

《红楼梦》，读到宝玉出走时，竟进入空灵忘我状态，连老师叫她都不知道。她很快意识到文学就是她的追求目标，此后专心于写作，成了人们喜爱的作家。

现代人才学发现，人至少有 146 种类型的才能，而现在的考试制度只有约 41 种，人的大部分才能并未能很好地被挖掘和利用。人的潜能如同地下的石油，只有发现它，把它开采出来，它才能发光发热。

即使是那些看起来很笨的人，也许在某些特定的方面会具有杰出的才能。比如，柯南道尔作为医生并不著名，写小说却名扬天下。每个女性都有自己的特长，都有自己特定的天赋与素质。如果你选对了符合自己特长的努力目标，就能够成功；如果你没有选对符合自己特长的努力目标，就会埋没自己。

当然，客观地认识自己是比较困难的。著名的爱尔兰戏剧家王尔德曾经说过："那些自称了解自己的人，都是肤浅的人。"这的确是无可争辩的事实，因为对每个女性来说，要想完全了解自己，并不是一件容易的事情。正像有些时候，你面对镜子里的自己却发出疑问：这是我吗？

人的一些复杂品质，是目前还没有办法或工具可以直接度量的，于是人们就得经常利用间接的方式来获得一些对自己的印象。作为女性，一般的方式就是利用和别人相比较或从别人的态度反馈中，以及在实践中检验自己、认识自我。

在比较中认识自我

想要认识自我，与别人相比较，是一种最简便、有效的途径。每当我们需要自问"我在某方面的情况怎样"时，就很自然地使用这种方法，去判定自己的位置与形象。

我们除了要不时地和周围的人相比较之外，还会经常与某些理想的标准相比较。从父母、教师以及各种传播渠道，我们获得了大量的知识与价值观念，并由此融合而成了若干的理想与模范标准。

我们知道了很多名人或成功者的事迹，并被教导要以他们为榜样。也就是说，把他们作为比较的对象，以自己能否达到跟他们同样的标准作为衡量成功或失败的尺度。这种现象在我们的日常生活中屡见不鲜。

从别人的态度中观测自我

女性总需要跟别人交往、共处，因而别人对你的态度，相当于一面镜子，你可以从中观测到自身的一些情况。比如某人若是被父母所钟爱，被师长所重视，被朋友所尊重和喜爱，大家都乐于和她交往，愿意和她一道工作或游戏，那就表示她一定具备某些令人喜爱的品质。

如果她经常被大家推举承担某项工作，或是经常成为周围人求教的对象，则表明她具备某些才能，或是在某些方面超越了其他人。

反之，如果一个人不被周围的人所重视和喜爱，甚至大家对她有厌恶感，不喜欢与她一起工作或参与其他活动，这虽不足以说明此人满身缺点，但在通常情况下，她应当会感到不安，而不得不做自我反省。

我们因为看不见自己的面貌，就得照镜子；同样，我们无法准确地衡量自己的人格品质和行为时，就得利用别人对我们的态度和反应，来进行自我判断。一般说来，当对方与自己的关系愈密切时，她的态度也愈有影响力。

在实践中检验自我

除了根据别人对自己的态度，以及与别人相比较的结果之外，我们还可以凭借本身实际工作的成果来评定自己。由于这种方法有比较客观的事实作为依据，所以通常因此而建立的自我印象也是比较正确的。

这里所指的工作是广义的，并不仅限于学业或生产性的行为。由于每位女性所具有才能的性质互不相同，如果只是看她们在少数项目上的成就，往往不能全面地衡量她的能力与作用。

有些时候，一部分女性的某些才能或许因得不到施展的机会而将被埋没。由此可见，女人在选择职业时首先要做的就是认识自我。如果你找到了自己喜欢的，并且又能胜任、适合自己，就大胆地行动吧！相信，那里的天空一定会因为有你的存在而有所不同。

女人的优势是就业的入场券

年轻的女人就业，优势有很多，如青春靓丽，活力四射，做事富有耐心和条理，手巧心细……这些特有的个性。初出校门的女人，要善于挖掘这些优势。

求职难，女性求职更难，阅历不深的女人求职更是难上加难，她们往往要面对部分用人单位"宁选武大郎，不选穆桂英"的性别歧视。既然单凭女性个人的力量不能改变社会大环境，女性不妨从自身着手，避开自己的弱势，充分展示自身所独有的优势，在求职过程中取得优先权。

其实，年轻的女人求职也有不少自身的优势，作为女人来说，应该先调整好自己的心态，分析并确认自己的能力，充分利用自己的性别优势，放大其长，使自己在职场上可以领先他人而快速胜出。

首先，作为女人，她们心细如发，且做事有条理和耐心，这种特有的个性，就是女性就业的优势。

其次，女人有一双非常灵巧的手。做手工活，便是女性的强项。如今，有的女性已开始注重开发自己双手的功能，毅然在家中办起了"手工小作坊"。一些还在寻寻觅觅的就业女性，不妨在这方面多开思路，千万不要以为手工活是"小气之作"。

再次，女人的心很柔。这种柔情，使女性能在精神抚慰方面发挥特有才干，获得意想不到的良好效果。如今社会上出现了一种三百六十行以外的职业——"精神保姆"，便是最能发挥女性柔情性格的新行当。

比如，陪老人读报、谈心，为瘫痪在床的病人、失意的人送上精神和心灵疏导，代他人送去一份歉意等情感专递工作等。如果一些就业女性能充分意识到这一点，再用心学些心理学方面的知识，积极投入这种目前还没有多少人涉足的"精神保姆"业，相信必有一番大作为。

最后，初出校门的女人年轻，有活力。公司的领导和老员工总能在你身上看到一股工作的热情，总能在你身上找到他们逝去的青春年华。而且，你的年轻就是一种很大的资本。

因为是年轻人，在工作中遇到不懂的问题，你可以不耻下问；因为年轻，工作中遇到挫折，可以吸取教训，以后改正。

女人的就业优势还有很多，身为女人要善于放大这些优势。

面对激烈的择业竞争，不少女性容易在"女生择业难"这一说法的影响下产生畏难情绪。在求职时还没有尝试，就担心自己竞争不过男性；好不容易鼓足勇气，又老想着万一失败了没有面子……这种自己给自己设置的心理障碍，往往使女性缺乏竞争的勇气和获胜的信心。

与此相应的，部分女性还习惯把工作的希望寄托在"关系"上，将工作交由亲友包办。这往往也离不开家长对孩子的宠爱，"跑招聘会太累了，一个女孩子我们不放心"，这也多少造成了女性的依赖心理。

就女性就业而言，就算某些用人单位存在性别歧视，从而对女性造成心理负担，但压力恰恰能转化为女性找工作的一种动力。正因为有了这种压力，女性在找工作的时候更应从自身优势出发，大胆与男性竞争，充分展示女性魅力。

女性放大自身的性别优势，要做到这样几点：

一是自荐信中先附上一张扮靓自己形象的照片；

二是首次见面要着一身合体、合时宜、合身份的衣装；

三是体态语言要恰到好处，展示女性美的一面；

四是语言要注意体现女性语言磁性说服力；

五是运用女性敏感和细腻的特质展现女性魅力，润滑人际关系；

六是或主动出击、先入为主、恰到好处地张扬自己的优势，包括性别优势，或故作高深、恰到好处地言语点睛，以守为攻。

只有这样放大自身优势，在职场获胜的概率才会大大提高。

初场应试时不妨尝试引人注目的新做法，你可以做到将自己修饰得当，给人以有独到品位的印象；还可以做到言语风趣，收放自如；话题可以有某种小小的叛逆而体现自己的与众不同；你能做到敏感但不可多疑，适当地控制自己可能波动的情绪；你一旦出现爽快利落的不凡举动，就能给人以驾轻就熟、能够胜任本职工作的良好印象。

女性应当张扬性别优势，但同时要防止劣势作用。不可随意找个借口去靠近领导，不可自视清高、目中无人、孤傲待人，不可分不清好恶一味奉承或喜形于色表露于形，不可嫉妒同事尤其是同性竞争对手，不可过分关注并主动扯出别人的隐私话题或张长李短的是非，不可过分计较得失，等等。

总之，女人在求职时如果能争取主动权，放大自身的性别优势和年龄优势，克服自身的心理障碍，迎难而上，一定会找到属于自己的那片天空。

先有实力，再想别的事

当你走上工作岗位后，首先要认定自己是"巧"还是"拙"。也许你会感到自己在茫茫人海中是那么渺小，你原先学到的一点东西也确实是沧海一粟。

当然，刚刚走上社会之后，承认自己"拙"的人并不太多，大多数人都认为自己不是天才，至少也是个有用之才！但现实生活中，真正能一步冲天的人真少！有的不仅冲不起来，还跌下来摔了跟头。为何呢？一是知识不够，二是能力不足。

其实，对于这两种不足，都可运用一个办法加以补救——"勤"。所谓"勤"，就是要勤学，在自己的工作岗位上一刻也不放弃，一个机会也不放弃地学习，不但自己加强学习，同时也向有经验的人请教。

别人休息，你去学习。别人去旅行，你去学习。别人一天只有8个小时的工作时间，你则有16个小时，那就等天一天当两天用。这种密集的、不间断的学习效果相当显著。如果你本身的能力已经高于基准的水平线上，加上你的这种"勤"，很快就会在所处的团体中发出亮光，从普通员工中脱颖而出。

如果一个人真正认识到自己能力不足，那么为了生存，也只有通过"勤"才能补救。如果每天痴心妄想，不说脱颖而出，保住工作都很难！对能力真正不足的人来说，"勤"便是花比别人多好几倍的时间和精力来学习，不怕苦不怕困难，也只有这样，才能有所发展。

其实"勤"并不只是为了补"拙"，即使是聪者智者也不能离开一个"勤"字。在一个企业里，一个始终做到"勤"的人会为自己带来很多好处。给自己塑造一种勤奋的形象。当其他人浑水摸鱼而你在兢兢业业地勤奋工作时，这种敬业精神就会成为他人眼里的焦点，大家会认为你的这种精神值得敬佩。

并且，勤奋工作还有以下好处：

容易获得别人的谅解。当工作出错时，一般人也不忍心指责你，他们总是认为，人家已经那么认真了，出了点错，下次再改吧！

容易获得领导的信任。领导喜欢重用勤奋的人，因为这样他比较放心，如果你真的能力不足，但因为勤，领导还是会给你合适的机会。

如果你看看那些成功人士的故事，就会发现，一个人的成功除了机遇与天资外，真正离不开的还是一个"勤"字。

提到关于工作态度的问题，我们最常听到的一个词就是"敬业"。什么是"敬业"呢？

所谓"敬业"，就是要敬重你的工作。低层次来讲，"拿人钱财，与人消灾"，也就是说，敬业是为了对领导有个交代。如果我们上升一个高度来讲，那就是把工作当成自己的事业，要具备一定的使命感和道德感。

很多年轻人初入社会时都有这样的感觉，自己做事都是为了领导，为他人挣钱。工作敬业，表面上看是为了领导，其实是为了自己，因为敬业的人能从工作中学到比别人更多的经验，而这些经验便是你向上发展的踏脚石，就算你以后换了地方、从事不同的行业，你的敬业精神也必会为你带来助力！因此，把敬重自己的工作当成习惯的人，从事任何行业都容易成功。

有人天生有敬业精神，任何工作一接上手就废寝忘食，但有些人的敬业精神则需要培养和锻炼，如果你自认为敬业精神不够，那就应趁年轻的时候强迫自己敬业，以认真负责的态度做任何事！经过一段时间后，敬业就会变成一种习惯！

养成敬业的习惯之后，或许不能立即为你带来可观的好处，但可以肯定的是，如果你养成了一种"不敬业"的不良习惯，你的成就相当有限，你的那种散漫、马虎、不负责任的做事态度已深入你的意识与潜意识，做任何事都会"随便做一做"，结果不问也就可知了。如果到了中年还是如此，很容易就此蹉跎一生。

所有的领导都认为，一个不敬重自己工作的员工，他绝不可能尊敬自己；一个不认真对待工作的员工，他的工作肯定做不好。与此相应，如果你轻视自己的工作，那么，领导也必然会因此而轻视你的品质，以及你的低劣的工作业绩。

作为员工，不要幼稚地认为，你对工作的轻视目光，会瞒得过领导的视线。领导们或许并不了解每个员工的表现，熟知每一份工作的细节，但是一位聪明而精明的领导很清楚，你不敬业带来的结果是什么，从而明智地根据你的认真程度，来设定你的未来。

可以肯定的是，领导赞许和赏识的目光，决不会落在对工作耸肩撇嘴的员工身上。当然，有的人会想，现在找工作也并不只有一条路，此处不留，自有他处，不如过一天算一日。如果你有如此想法，别人也拦不住你，但可以肯定的是，你一年到头别的不用干，多留心思去找工作吧。

勤奋进取，才能越来越优秀

我们从小就知道"勤奋可以创造一切"的道理，也知道无数个有关勤劳实干，取得成功的故事。可是有些人并未从中受到启发，他们依旧在工作中偷懒，依旧好逸恶劳。这些人这样为自己开脱：现在时代已经变了，勤奋已不再是在职场中乃至商战中成功的法宝了，我们需要享受生活并等待机会。是的，如今这个时代的确与以前不同了，但并不像你所想象的那样，勤奋越来越不重要了，而是恰恰相反，要想在职场中获得成功，勤奋是必不可少的一种美德。

勤奋是通过荣誉圣殿的必经之路

在人才竞争日益激烈的职场中，女人怎样才能获得成功的机会呢？是依靠对工作的抱怨、不满、拖拉和偷懒吗？如果女人始终把工作当作一种惩罚，那么你永远都休想获得成功的机会，甚至你可能连目前这份自认为大材小用、埋没了你的才华的工作都保不住。

许多老板心目中最理想的员工，不是最聪明，最能干的员工，而是最勤奋的员工。从来没有什么时候，老板们能像今天这样子，如此看重一位勤奋的员工，并给予他们如此多的机会。不论哪个行业，都非常敬重对待工作勤奋的员工。

联邦德国有机化学家齐格勒说："如果你能够尽到自己的本分，尽力完成自己应该做的事情，那么总有一天，你能够随心所欲从事自己想要做的事情。"反之，如果你凡事得过且过，从不努力把自己的工作做好，那么你永远无法达到成功的顶峰。对这种类型的人，任何老板都会毫不犹豫地排斥在他的选择之外。

懒汉们常常抱怨，自己竟然没有能力让自己和家人衣食无忧。勤奋的人会说："我也许没有什么特别的才能，但我能够拼命干活以挣取面包。"在现代工作职场中，女人要想在工作中走出一条完美的工作轨迹，唯有依靠勤奋的美德，认真地对待自己的工作，在工作中不断进取。

戴维就是靠着自己的勤奋而获得成功的。他现在是加利福尼亚建筑公司的一名副总。而几年前，他还只是工地上的一名送水工。在其他送水工把水桶搬进来以后，一面抱怨薪水太少，一面躲起来抽烟的时候，他却给每位工人的水杯倒满水，并利用一切时间来了解有关的工作情况，并帮他们做一些力所能及的事情。

结果，两周后，他就当上了计时员。已经是计时员的戴维依然非常勤奋，第一个到工地的是他，最后一个离开工地的还是他。他的勤奋，使他对建筑工作的每一个流程都非常熟悉，连工地上最有经验的工人也常来向他请教。

现在他已经成了公司的副总，但他依然特别专注于工作，从不说闲话，也从不参加到任何纷争中去。他鼓励大家学习和运用新知识，还常常拟计划、画草图，向大家提出各种好的建议。只要给他时间，他可以把客户希望他做的所有的事做好。

没有什么比这样的故事更能让人的心灵受到巨大的震撼了。戴维并没有出众的才华，也没有什么显赫的出身，他只是一个普通的再也不能普通的送水工，但他有勤奋，他是靠他的勤奋取得了巨大的成功。

戴维的经历告诉我们，不管你现在所从事的是什么工作，不管你是一个清洁工人，还是白领阶层，要想在这个时代脱颖而出，你就必须付出比以往任何时代更多的勤奋和努力，拥有积极进取、奋发向上的心，只要你勤勤恳恳地努力工作，你就是成功的，就是令老板认可的。否则你只能由平凡转为平庸，最后变成一个毫无价值和没有出路的人。

勤奋工作超越老板的期待

现在的世界变化局面，"勤奋"的内涵也随着时代的变化而被赋予了新的内容。如果我们还认为"勤奋"就是"听命行事"，老板吩咐我们做什么就照命令办事。那我们就大错特错了，那是 20 年前的事了。今天的"勤奋"，要做到"不必老板交待，积极主动做事"，这样才能称得上是"勤奋"。

每个老板都希望自己的员工能主动工作，带着思考工作。对于发个指令按动按钮，才会动一动的"电脑"员工，没有人会欣赏，更没有老板愿意接受。职场中，这类只知机械完成工作的"应声虫"，老板会毫不犹豫地踢除在考虑之外。对于老板而言，只有那些能准确掌握自己的指令，并主动加上本身的智慧和才干，把指令内容做得比预期还要好的人，才是他们真正要找的人。

作为一个女人，如果想登上成功之梯的最高阶，纵使面对缺乏挑战或毫无乐趣的工作，你也得永远保持主动率先的精神，这样才能获得好的回报。勤奋最严格的表现标准应该是自己设定的，而不是由别人要求的。如果你对自己的期望比老板对你的期许更高，那么你就无需担心会不会失去工作。同样，如果你能达到自己设定的最高标准，那么升迁晋级也将指日可待。当你养成这种自动自发的习惯时，你就有可能成为老板和领导者。

　　所谓的勤奋，指的是随时准备把握机会，展现超乎他人要求的工作表现，以及拥有"为了完成任务，必要时不惜打破成规"的智慧和判断力。员工成功地理由是自动自发的工作，失败的原因是被动地接受工作。我们可以想象一下，两个背景一样的员工，一个勤奋主动、热情进取，像一个上满发条的钟表一样为公司工作，另一个却总拖三拉四、散漫懒惰，像只泄了气的皮球一样见工作就躲。你是老板，会做什么样选择呢？这个答案恐怕是不言自明的吧！

　　　著名成功学家卡耐基曾聘用两名年轻女孩儿当助手，替他拆阅、分类信件，薪水与相关工作的人相同。两个女孩儿均忠心耿耿。但其中一个虽忠心有余，却粗心、懒惰，能力不足，就连分内之事也常不能做好，结果遭解雇。

　　　另外一个女孩儿却常不计报酬地干一些并非自己分内的工作。譬如，替老板给读者回信等。她认真研究卡耐基的语言风格，以至于这些回信和卡耐基自己写的一样好，有时甚至更好。

　　　她一直坚持这样做，并不在意卡耐基是否注意到自己的努力。终于有一天，卡耐基的秘书因故辞职，在挑选合适人选时，卡耐基自然而然地想到了这个女孩儿。

　　因此，女性员工不应该仅仅抱着"老板让我做什么"的想法，而应该再进一步，想一想"我能为老板做什么"。一般人认为，忠实可靠，

　　尽职尽责地完成老板交待给的工作就可以了，尽量避免犯错，凡事只求忠实公司的规则，老板没让做的事，决不会插手。

　　但这还远远不够，尤其是那些渴望在工作中获得成功的人更是如此，必须做得更多更好，要勇于负责，要有独立思考能力，必要时要发挥创意，来积极主动地完成任务。

　　我们在刚开始参加工作时，也许从事的是提茶倒水、接电话之类的琐碎的工作，或者从事秘书、会计和出纳之类的事务性工作。

　　许多人在寻找自我发展机会时，常常这样问自己："做这种平凡乏味的工作，有什么希望呢？"

　　可是，就是在极其平凡的职业中、极其低微的位置上，往往蕴藏着巨大的机会。只要把自己的工作做得比别人更完美、更迅速、更正确、更专注，调动自己全部的智力，从旧事中找出新方法来，才能引起别人的注意，使自己有发挥本领的机会，满足心中的愿望。

　　一个女性员工的成功与否在于他无论做什么都力求比老板所期望的更好。当一个人对自己的期望比老板要求的还高时，那时，你离成功也就不会很远了。

　　因此，在工作中，要超越老板对自己的期望，以最高的标准来要求自己。能做到最好，就不做到比较好，能完成百分之百，决不只完成百分之九十九。这样，老板才能相信你，你离成功才会越来越近。

　　主动地去做好一切吧！千万不要等到你的老板来催促你，不要做一个墨守成规的员工，不要害怕犯错，勇敢一点吧！老板没让你做的事你也一样可以发挥自己的能力，成功地完成任务。

勤奋工作是对自己负责的表现

　　人们习惯于用薪水来衡量自己所做的工作是否值得。

很多人认为，勤奋工作只能带给老板业绩的提升和利润的增长，而自己却没有获得薪水的提高。其实，勤奋带给你的是比薪水更宝贵的知识、技能、经验和成长发展的机会，当然，还有随之而来的成功。勤奋，带给你和老板的是一个双赢的结果。

对于老板来说，业绩的提升和利润的增长当然是最重要的。而对于一名员工，尤其是女性员工来说，什么又能比知识、技能、经验和成功的机会更宝贵的呢？所以说，勤奋不仅是对公司、对老板负责，更重要的是对自己负责。

在知识经济的今天，知识更新的速度是非常快的，由此推动的人才的变动也非常快。一个刚刚接受了系统的高等教育的人，往往比那些懒于学习的老职员更受老板欢迎，同样如果他在工作中不勤于学习，那么他也会被拥有最新知识的人所取代。

所以，要想在职场中站稳脚跟，必须认真地对待工作，在工作中总结经验，学习最新的知识，并把它应用于工作中，这样你才能不断地获得成长，为自己规划出理想的职业生涯。尤其对于女人来说，在工作中勤奋学习进而追求理想的职业生涯更加重要。

世界上到处是一些看来就要成功的人，在很多人的眼里，他们能够并且应该成为这样或那样非凡的人物。但是，他们并没有成为真正的英雄。原因何在呢？

许多人都抱着这样一种想法，我的老板太苛刻了，根本不值得如此勤奋地为他工作。然而，他们忽略了这样一个道理：工作时虚度光阴会伤害你的老板，但受害最深的却是你自己。

有些人挖空心思费尽精力来逃避工作，却不愿将同样的精力和心思用在自己的工作上。这种人自以为聪明盖世，可以骗得过老板。其实，他们欺骗的正是他们自己。

一位优秀的老板会很明白，员工的勤奋会带来什么样的结果。他也很清楚，一名懒散的员工会给自己带来什么。你说，他会把升迁和奖励送给那些耍小聪明的人吗？那些懒惰的人从来不会更深层次去考虑问题，他们没有看到那些成功的人在实现理想的过程中所经受的考验和挫折，他们不明白没有付出非凡的代价，没有艰苦的奋斗，没有勤奋的工作，是根本无法实现自己的梦想的。

他们不相信勤奋，只相信运气、天命。他们看到别人成功，便觉得那是别人命好运气好，这是一种典型的逃避心理，他们从来没想到过成功来源于勤奋，就这么简单。

有些员工工作散漫也有冠冕堂皇的理由：老板一点也不看重我，他并没有注意到我为工作所付出的努力，又不增加我的薪水，我干嘛那么卖力气呢？

亲爱的朋友，请让我们换一个角度来思考一下这个问题：在手工业时代，一些孩子为了能够掌握一门手艺，常常多年跟随师傅苦干，却没有得到哪怕一美分，他们却毫无怨言。

为什么呢？因为他们懂得，勤奋虽然会为别人创造更多的效益，但更是为了自己。人生重要的不是现在，而是为了更久远的未来。薪水虽然少些，但能有一个好的学习经验和技能的机会更重要。

他们的目标是为了未来能开办一家自己的作坊和店铺，为此他们努力，他们付出。在这个目标面前，薪水显然不是最重要的问题。眼光只盯着薪水，得到的便永远是温饱。

一个人在勤奋工作时，就是为自己的现在和将来而努力，无论薪水是多是少，那只是你从工作中获得的一小部分。你的老板可以掌握你的薪水，但他无法捂住你的眼睛，捂住你的耳朵，他不能阻止你去接受新的知识，培养自己的能力，不能阻止你为将来而努力。

勤奋工作，其实正是一种等待，一种积蓄，一定要学会在勤奋工作中耐心地等待，等待他人的信任和赏识，才能使自己的努力得到回报，才能迈向更高的目标。所以，正确认识你的工作，勤勤恳恳地努力去做，才是对自己负责的表现。

努力使自己成为一个勤奋的人

在现代职场中，默默无闻的勤奋是一种宝贵的品质，它不仅对老板来说是宝贵的，更重要的是对你个人成长有巨大的推动作用。勤奋是走向成功所必备的美德。

凡是事业上有所成者，大都是勤勤恳恳、扎扎实实地工作，把自己的才能，把自己的潜力发挥出来。相反，有太多的人所缺乏的正是这种事业至上，勤奋努力的精神。

因此，女人要想成为一个成功者，就必须使自己变成一个勤奋的人，并需要做到以下几个方面：

第一，紧紧追随自己的梦想。有许多人认为，工作只是为了解决生存的问题，只为薪水而工作，只为工作而工作，因此这些人把工作看成是束缚在身上的一个枷锁，认为是对自己的一种惩罚，注定了他们只会偷懒和拖拉，得过且过。

而如果你给自己一个奋斗的理由，把它当成实现你美好梦想的阶梯，那么你还会觉得工作是那么令人痛苦的事情吗？

周末当你在加班努力工作时，接到朋友的电话："你在干什么，到公园来吧，这里有舞蹈的比赛，特别好看。"

这时你会做出何种反应呢？一开始你肯定会抱怨朋友打搅了你的

工作，但是接下来就会开始可怜自己：别人可以开开心心、轻轻松松地度过一个周末，而我却要做令人头痛的兼划方案。

但是，如果这时你告诉自己把策划方案写好交给领导，你就有可能成为主管，相信你很快就可以重新投入到工作中去。

第二，认真用心工作。勤奋工作不是机械地工作，而是用心在工作中学习知识，总结经验，很多老资格的公司员工习惯于只用手工作，因为这些工作对于他们已经很熟悉了，闭着眼睛都能做好。

然而，只用手工作使他们几年十几年甚至几十年只掌握了一种工作方法，没有任何工作上的进步。这对于竞争日益激烈的现代人来说，无疑是一个十分糟糕的消息。勤奋工作不仅要尽善尽美地完成工作，还必须用眼睛去发现问题，用大脑去思考问题，去学习东西。这样，你一定会得到老板的提拔和重用。

第三，放松一下自己。勤奋并不是要你一刻不停地干，把自己弄得精疲力尽只会导致低效率。所以工作累了的时候不妨花上几分钟的时间放松一下，给自己紧张的大脑"换换档"。

因此，适时的奖励一下自己是非常重要的。当自己掌握了一种好的处理工作的方法，工作效益自然就会提高。

第四，成功之后还要继续努力。

勤奋可以通向成功，而成功很可能成为勤奋的坟墓。一项调查表明，诺贝尔奖的获得者获得奖之后的成就远不及获奖前的一半。成功之后就不再努力的例子并不少见。

很多人在凭借着勤奋努力终于被上司所提拔和重用之后，就觉得应该放松一下了，为自己前段时间那么辛苦的工作补偿一下，结果又回到原来的那种好逸恶劳、不求上进的生活状态中去了。

因此，我们在取得一个小目标的成功之后，要提醒自己不要倒下来，告诉自己还有更加美好的前途在等着自己，继续勤奋，永不满足。

在职场中永立不倒的英雄所凭借的决不是安逸中的空想，而是困苦中的执着，重压下的勇敢，逆境中的自信，艰难中的勤勉和奋发，是在任何环境中的扎实的工作和锲而不舍的求知精神，这是他们成功的秘诀，也是所有想成功的人必须具备的崇高美德。

寻找你生命中的贵人

有一个女人原本是个既没有学历，也没有金钱，更没有人事背景的普通女人，但是她经过多年的发展已成为远近闻名事业有成的老板。她到底是如何成功的呢？其实没有什么秘密，原因就在于她很注重对人际关系的培养，注重对人脉的把握。

她是一个很会体贴别人的人，她对周围人的体贴，甚至超过了别人的需求。只要你说要上她那里玩，她都会热情地欢迎你去，而且总是希望你能在她那儿住几天。

私下里，无论她多么拮据、内心多么苦恼，她都随时在等着你的来临。甚至在你离去的时候，她还要为你带上些小礼物、土产之类的东西。无论多么忙碌，她从不会表现出厌烦的情绪。

这个女人乐于助人，并不断地帮助自己身边的人，她的人际关系也因此越来越好。后来，她和朋友们一起集资组建了一家大型公司，并在几年内成为同行业最成功的企业之一。她经常说："像我这样既无学历，又没财力，更没有人事背景的人，能有今天的成就，都是依靠良好的人际关系。"

著名成功学家戴尔·卡耐基说："在人的成功中，奋斗只占15%，而其余的85%则是靠人际关系。"

的确，在当今社会生活中，关系决定成败，人脉就是钱脉。成功不是单凭自己，往往要依靠他人的帮助。做任何一件事情，没有良好的人脉资源，都难以快速达到目标。一个人的人脉越广泛，成功的机会也越多。所有成功的职业女性都应该建立起自己的人脉资源，并善于利用人脉来推销自己，为自己铺垫成功的道路。

职场中流行这样一句话："一个人能否成功，不在于你知道什么，而在于你认识谁。"在当前飞速发展的经济时代，人脉已成为支持专业发展不可或缺的部分。对于每一个职业女性来说，专业是屠龙刀，人脉是倚天剑，光有专业没有人脉，个人发展就是事倍功半，反之加上人脉，个人发展将会是事半功倍。

开发和经营人脉资源，不仅能使你事业平稳发展，而且在众多"贵人"的倾力相助之下更能使你的事业发展如虎添翼。

小雯在外企做主管，但仍总是觉得自己的满腔抱负得不到上级的赏识，她经常想：要是有一天能见到总经理，有机会展示一下自己的才干就好了。

同事初晴也有同样的想法，但她不像小雯那样坐等机会，而是主动打听总经理上下班的时间，估算他进电梯的时间，有意去守候，希望有机会遇到老总，打个招呼。

另外一个同事美莱更进一步，她通过打听详细了解了老总的奋斗历程，弄清了老总平时的爱好和习惯，精心设计了简单而有分量的开场白，算好时间去乘坐电梯，连着跟老总碰过几次面，并交谈了好几次，终于得到总经理的重视，有一天她跟老总长谈了一次，不久就争取到了更好的职位。

小雯、初晴、美莱三人不同的人脉经营经历告诉我们，愚者错失机会，智者善抓机会，而成功者创造机会。日月光半导体的总经理刘英武当初在美国 IBM 公司时，为了争取与老板碰面的机会，每天都观察老板上洗手间的时间，并且选择在那时去上洗手间，创造与老板沟通的机会。机会只属于有准备的人，"准备"二字并非说说那么简单，重要的是要去"做"。每一名职业女性都要善于把握机会，抓住一切机会去开拓自己的人脉资源与关系。

比如，出席晚宴你可以提早到现场，那是认识更多陌生人的好机会。平时你也要多参加活动，多与他人交换名片，利用休会的间隙多与陌生人聊聊天；在外出旅行过程中，善于主动与他人沟通等，这些都可以帮助你在不经意间扩大自己的人脉圈子。

据有关调查显示，95% 的求职者和企业，都是通过人脉关系才找到适合的工作和员工；78% 的求职者及 61% 的企业认为，这是最有效的方式。台湾竞争人才网曾做过"最有效的求职途径"网民调查，其中"熟人介绍"被列为第二大有效方法。

因此，你可以根据自己的人脉发展规划，列出需要开发的人脉对象所在的领域；然后，你可以要求你现在的人脉支持者帮助寻找或介绍你所希望认识的人脉目标，创造机会采取行动。

哈维·麦凯说："当世界改变时，有一件事会一直保持不变，那就是你一生中建立的脉际网络。每个人所从事的行业归根结底都是人的事业，只有与他人经常联系，建立良好的人际关系网，成功的机会才会变得多起来。"的确，想要扩大自己的人脉资源，就要借助团队的力量。在人情冷漠的现代社会，太过主动接近陌生人时，容易引起对方的反感，会遭到拒绝。但是通过参与社团活动，人与人的交往将会变得顺利，能在自然状态下与他人建立互动关系，扩展自己的人脉网络。这种通过社团活动的开拓来经营人际关系的方法，可以使人与人的交往在自然的情况下发生，往往有助于建立情感和信任。

总之，对于每一个职业女性而言，你不可能生活在"孤岛"上，总要与各种各样的人打交道、建立关系。你的成功之路便是，时刻注意识人辨人，营造自己良好的关系网，寻找可以合作的契机，从而扩展成功局面。贵人就在身边，关键是要用心去经营。

拓展自己的人脉

商业上的往来原本是功利且锱铢必较的，但把它运用在人与人之间的交往中却是很偏颇的做法。真正懂得交往之道的人，是在自己能力范围之内尽量"给予"的。他会考虑到对方的立场、需要，仅凭一己之力帮助对方，并沉醉于此种喜悦之中，他不曾想过自己会得到什么好处，完全是一种发自内心的诚意。

而受到此种不求回报好意的人，不会不知恩图报的，他（她）也会在能力所及的情况下与你合作。透过此种交流，彼此间的关系自然愈来愈亲密，终于成为真正的朋友。

人是高级的感情动物，注定要在群体中生活，而组成群体的人又处在各种不同的阶层上，都具有以上各种属性。坚持以上几项原则，有利于在社会上建立一个好人缘，只有人缘好，才能有一个好的形象，跑起关系来才能如鱼得水，没人缘的人在跑关系时自然会常常陷入进退两难的境地。良好的人际关系使人如沐春风，产生一种积极向上的发展力，帮助你在事业上取得成功。

搞好人际关系的本领其实不是什么神秘的东西。善于与人打交道的人也并不是生来便具备了这种能力。对我们大多数人来说，与人保持良好关系的本领是后天学习得来的。下面为你介绍几条拓开自己关系网的原则，记住这些原则，它将为你赢得更多的好人缘。

把注意力从你自己身上移开

要建立良好人际关系，第一步是把注意力从自己身上移开。与别人交往时首先想到自己的人，很少能建立良好而持久的人际关系。当你开始把注意力集中到别人身上时，建立良好人际关系的可能性就大大增加。

真诚关心别人

有一句话总结了良好人际关系和人生成功的关键所在："人们知道你是否关心他们之后，才会在乎你是否了解他们。"无论你有什么本领、特长，受教育程度有多高，都不如真心实意地关怀更能给人深刻的印象。事实上，当你是某个人的上司时，如果你不首先让他知道你关心他，你就不会对他（她）有多大的影响力。

《华尔街日报》曾发表了一家名叫"国际出发点"的调研公司所作的一项研究的结果。在对 1.6 万名公司主管人员所作的调查中，被列为"最有成就"的主管人员对人的关心跟对利润的关心一样大。如果你想建立良好人际关系，你首先要关心与你打交道的人。

认真了解别人

没有什么比得上了解和记住别人的情况更有积极效果的了。认真了解别人，是你关心别人的明证。这能建立一种良好而持久的关系。

拿破仑非常了解他的下属，他能叫出手下全部军官的名字。他喜欢在军营中走动，遇见某个军官时，用他的名字跟他打招呼，谈谈这名军官参加过的某场战斗或军事调动。他不失时机地询问士兵的家乡、妻子和家庭情况。这样的做法使下属大吃一惊，他们的皇帝竟然对他们的个人情况知道得一清二楚。因为每个军官都能从拿破仑的话和所提问题感到拿破仑对自己感兴趣，所以他们对拿破仑一直都那么忠心耿耿。

慎选交往对象

在工作中你应该尽可能拥有更多支持者或创造更多的拥护者。然而不论你从事的工作多么神圣，或在社会上是如何的出色，仍然要仔细选择交往的对象。什么样的人都与之交往，无论谁都来者不拒，也就是抱着所谓的"博爱主义"，是很不好的做法。当然如果站在扩展工作范围的立场上来看，利用别人并借助别人的力量，确实可以使人们向自己集中。但其中必有许多只会甜言蜜语的人。

俗话说：甜言蜜语背后一定隐藏着危险的东西。所以你必须适当地自律，并且要清楚，世上没有免费的午餐，没有不劳而获的东西。

如果不保持着坚定的态度，慎选所交往的对象，很可能会使你的事业或人生陷入困境之中。你必须坚持诚信的态度，慎选交往的对象，同时炼出一双分辨人好坏的火眼金睛。

重视每一个人

在发展人际关系时，重视每一个人是非常重要的。人的一生就是一个不断地和别人相识及交往的过程。在这个过程中，志同道合者相互介绍朋友或工作的情形屡见不鲜。这也正是拓展人际关系的关键一环。

　　你要知道，虽然对方只有一个人，但却可间接获得 100 人的周边关系，甚至可扩展至 200 或 300 人的影响力。

　　接下来，你该知道如何对他们施加自己的影响，并给予对方良好而深刻的印象。但是你必须明白，这个发展，必须由你主动地去争取，并进而做更深一层的接触，才能得到预期的效果。

从"给予"开始

　　利用自己的体力、财力，或在百忙中为了对方却装成很空闲的样子等等，都不是很容易做的事。但是你的确必须明白，如果不这样做的话，你将无法扩展自己的人脉，无法发展自己的事业，无法得到别人的支持和帮助。维持良好的人际关系，并让那些对事业有帮助的人能一直保持对你的兴趣。首先，你当然必须先给对方相当的帮助，然后以最近的工作和商务状况交换意见，再询问对方的看法和情况。也许数日后，你就可以为对方做出对他有所帮助的事，也许这并不是什么大事，你可以到有多余力量后才去考虑。但是，这也是人们成功或失败的很重要的原因之一。

　　人毕竟就是人，接受了别人的帮助，必定会相应的有所回报。

　　如此一来，自己先采取主动，在可能的范围之内帮助别人。运用这个方法，不久后，对方对自己也一定会有相当的帮助。

别占他人的便宜

　　最令人讨厌的事情之一，是有人企图为了自己发展而占别人的便宜。这样做不但损害了他人的利益，而且还将自己束缚在了一个很小的发展空间里，长此以往这只能是害人又害己。

　　取得成就是个耗费时间的过程，也是众人参与的过程。一个人要是占别人便宜，他未来的机会就会减少，乐意协助他取得成功的人也将会减少。占别人便宜者想走成功的捷径，但这是行不通的。

正如美国总统艾森豪威尔说的："世界上没有折扣价买来的胜利。"

要考虑他人的感情

如果你想跟别人建立成功的关系，就要考虑到别人的感情，正如保罗·帕卡所说："在与人交流中讲感情比讲理性更能成功。"

有个故事，说的是一位女士进一家鞋店买鞋。鞋店的一位男店员的态度极好，不厌其烦地替她找合适的尺码，但都找不到，最后他说："看来我找不到适合你的，你一只脚比另一只脚大。"那位女士很生气，站起来要走。鞋店经理听到两人的对话，于是叫女士留步。男店员看着经理劝那女士再坐下来，没过多久一双鞋就卖出去了。

女士走后，那店员问经理："你究竟用什么办法做成这生意的？刚才我说的话跟你的意思一样，可她很生气。"

经理解释说："不一样啊，我对她说她一只脚比另一只脚小。"经理也把真相告诉那位女士，但他考虑到她的感情，而且跟她说话时讲究技巧，又带着尊重。他从那位女士的角度看问题，所以成功了。

正如小说家约瑟夫·康拉德说的："给我合适的字眼，合适的口气，我可以把地球推动。"

善于倾听他人的意见

善于建立良好人际关系的人有个共同特点，就是他们能认真倾听别人谈话。做个善于倾听意见的人，关键是要能鼓励别人发言。通常这只需要提几个有针对性的问题。如果你有善意，又有韧性，你甚至能使最不健谈的人开口谈他自己的事。

说话前后一致，言而有信

一个人说话前言不对后语，言行不一，就会失信于人。有意或无意不履行自己的诺言，也会使自己失信。失信不但损害友谊，也会破坏生意上的关系。人们首先相信你，才会相信你的观点和你的产品。别人觉得你不可靠时，你的机会就消失殆尽。

建立人情账户

俗话说："在家靠父母，出外靠朋友"，多一个朋友就多一条路，我们要时刻存有乐善好施、成人之美的心思，才能为自己多储存些人情的债权。对于一个身陷困境的穷人，一枚铜板的帮助可能会让他握着这枚铜板忍一下极度的饥饿与困苦，或许还能干出一番事业，闯出一片属于自己的天空。对于一个执迷不悟的浪子，一次促膝交心的帮助可能会使他建立起做人的尊严和自信，或许在悬崖勒马之后奔驰于希望的原野，成为一名勇士。

就是对一个陌生人很随意的一次帮助，可能也会使那个陌生人突然感悟到善良的难得和真情的可贵。说不定当他看到有人遭遇难处时，他会很快从自己曾经被人帮助的回忆中汲取勇气和仁慈。

也许没有比"帮助"这一善举更能体现一个人宽广的胸怀和慷慨的气度了。不要小看对一个失意的人说一句贴心的话，对一个将倒下的人轻轻扶一把，对一个无望的人赋予一个真挚的信任。也许自己什么都没失去，而对一个需要帮助的人来说，也许就是醒悟，就是支持，就是宽慰。建立人情账户一定要注意以下事项：

给人好处别张扬

怎样建立人情，怎样帮助别人，相信通过下面的故事，大家会更好地理解人情世故的微妙。

当年，祖父很穷。在一个大雪天，他去向村里的首富借钱。恰好那天首富兴致很高，便爽快地答应借给祖父两块大洋，末了还大方地说：拿去用吧，不用还了。祖父接过钱，小心翼翼地包好，就匆匆往家里赶。首富冲他的背影又喊了一遍：不用还了！

第二天大清早，首富打开院门，发现自家门前的积雪已被人扫过，连屋瓦也扫得干干净净。他让人在村子打听后，得知这事是祖父干的。这使首富明白了：给别人一份施舍，只能将别人变成乞丐。于是他前去让祖父写了一份借契，祖父因而流出了感激的泪水。

祖父用扫雪的行动来维护自己的尊严，而首富向他讨债则成全了他的尊严。在首富眼里，世上无乞丐；在祖父心中，自己何曾是乞丐。把"施恩"变成了"施舍"，一字之差，高低立见，效果却大相径庭。

生活中经常有这样的人。帮了别人的忙，就觉得有恩于人，于是心怀一种优越感，高高在上，不可一世。这种态度是危险的，常常会引发出坏结果，也就是：帮了别人的忙却没有增加自己人情账户的收入，正是因为这种骄傲的态度，把这笔账抵消了。

人都爱面子，你给他面子就是给他一份厚礼。有朝一日你求他办事，他自然要"给回面子"，即使他感到为难或感到不是很愿意。

这便是操作人情账户的全部精髓所在。

没有一次性人情

生活中有许多人抱着"有事有人，无事无人"的态度，把朋友当作受伤后的拐杖，复原后就扔掉。此类人大多会被抛弃，没人愿意再给他帮忙；他去施恩，大概也没人愿意领受他的情。

一个没有人情味的人，是永远玩不了"施恩"这看似简单实则微妙的人情关系术的。所以我们在生活中一定要去深思人情世故的奥秘之处，这样才能达到人情操纵自如的境界。

口渴以后再送水

雪中送炭，口渴喂水是施恩的一大特征，他人有难时才需要帮忙，这是最起码的常识。我们每一个人都有一些需求，有紧迫的，有不重要的，而我们在急需的时候遇到别人的帮助，则内心感激不尽，甚至终生不忘。濒临饿死时送一只萝卜和富贵时送一座金山，就内心感受来说，完全不一样。对身处困境的人仅仅有同情之心是不够的，应当给予具体的帮助，使其渡过难关，这种雪中送炭，分忧解难的行为最易引起对方的感激之情，进而形成友情。

比如，一个农民做生意赔了本，他向几位朋友借钱，都遭回绝。后来他向一位平时交往不多的乡民求援，在他说明情况之后，对方毫不犹豫地借钱给他，使他渡过难关，他从内心里感激。后来，他发达了，依然不忘这一借钱的交情，常常给对方以特别的关照。

求人办事多找彼此的共同点

一位哲学家说过："要比别人聪明，但不要让他们知道。"聪明的女人在求人办事时，必须不断强调你们之间的共同点，最大限度地肯定对方的意见，这样就能获得好感。你要让对方帮助你，接受你的想法，首先要谦和。千万不要一上来就宣称："我要找你帮忙。"这样的话就会使人一开始就高度戒备，在心中拒绝你

奥弗斯基教授在他的《影响人类的行为》一书中说："一个否定的反应，是最不容易突破的障碍。当一个人说'不'时，他所有的人格尊严，都要求他坚持到底。事后他也许觉得自己的'不'说错了。然而，他必须考虑到宝贵的自尊！既然说出了口，他就得坚持下去。因此，一开始就使对方采取肯定的态度，是最为重要的！"

聪明的女人在求人办事时，都在一开始就力求得到一些好的印象，这样就把对方心理导入肯定的方向。就好像一粒撞击的小球运动，从一个方向打击，它就偏向一方；要使它从反方向回来的话，则要花更大的力。当你一开始就请人帮忙，如果人家拒绝，就没有缓冲的余地了。因为当一个人说"不"，而本意也确实是否定的话，他所表现的绝不是简单的一个四画的字"不"字，而是他的整个组织，如内分泌、神经、肌肉等全部凝聚成一种抗拒的状态，这时通常可以看出身体产生了一种收缩，或准备收缩的状态。

反过来说，当一个人准备帮你的忙时，就没有这种收缩现象的产生，身体组织就呈现出前进、接受和开放的状态。因此，开始时我们

越多地造成让别人同意的环境，就越容易使对方接受我们的想法。

这是一种非常简单的技巧，就是一种"同意"的反应。但是它却被许多人忽略了！在某些人看来，似乎人们只有在一开始就采取反对的态度，才能显示出他们的自尊感，因此，激进派的人一跟保守派的人碰到一块，就必然要愤怒起来！

事实上，这又有什么好处呢？如果他只是希望得到一种快感，也许还可以原谅。但假如他要达成什么协议的话，他就太愚蠢了。

这种使用"同意"的方法，使得纽约市格林威治储蓄银行的职员詹姆斯·艾伯森，挽回了一名青年主顾。

艾伯森先生说：那个人进来要开一个户头，我照例给他一些表格让他填。有些问题他心甘情愿地回答了，但有些他根本拒绝回答。在我研究为人处世技巧之前，我一定会对那个人说：如果拒绝对银行透露那些材料的话，我们就不让他开户。当然，像那种断然的方法会使我觉得很痛快。

我可以表现出谁才是老板，也可以表现出银行的规矩不容破坏。但那种态度，当然不能让一个进来开户头的人，有一种受欢迎、受重视的感觉。

我决定那天早上采用一点实用的普通常识。我决定不谈论银行所要的，而谈论对方所要的。最重要的，我决意在一开始就使他说是。因此，我不反对他。我对他说，他拒绝透露的那些资料，并不是绝对必要的。

"但是，我接着说，假如你把钱存在银行一直等到你去世，难道你不希望银行把这笔钱转移到你那依法有权继承的亲友那里吗？"

"是的，当然。"他回答道。

我继续说："你难道不认为，把你最亲近的亲属名字告诉我们是一种很好的方法吗？万一你去世了，我们就能准确而不耽搁地实现你的愿望。"

他又说："是的。"

当他发现我们需要的那些资料不是为了我们，而是为了他的时候，那位年轻人的态度软化下来，他改变了！

在离开银行之前，那位年轻人不但告诉我所有关于他自己的资料，而且在我的建议下，开了一个信托户头，指定他的母亲为受益人，同时还很乐意地回答所有关于他母亲的资料。

我发现，一开始就让他说是，他就忘掉了我们所争执的，而乐意去做我所建议的事。

"雅典的牛虻"苏格拉底，虽然打着赤脚，却做了一件历史上只有少数人才能做到的事：他彻底地改变了人类的整个思潮。而现在，在他去世几千年后，他仍被尊为这个争论不休的世界上最卓越的口才家之一。他的方法呢？他是否对别人说别人错了？没有，苏格拉底才不会呢！他太老练了，不会做出那种事。他的整套方法，现在称之为"苏格拉底妙法"，以得到"是"为根据。

他所问的问题，都是对方所必须同意的。他不断地得到一个同意又一个同意，直到他拥有许多的"是"。他不断地发问，到最后，几乎在没有意识之下，使他的对手发现自己所得到的结论，恰恰是他在几分钟之前所坚决反对的。中国人有一句格言，充满了东方一成不变的悠久智慧："轻履者行远。"因此，如果你要请别人帮助你，请记住：从双方都高兴的事谈起，使对方对你没有拒绝的意思时，你再提出自己的要求，这样，成功的概率就要高许多。

让自己成为某一方面的专家

与其他有能力做这件事的人相比，如果你能做得更好，那么，你就永远不会失业。许多人都曾为一个问题而困惑不解：明明自己比他人更有能力，但是成就却远远落后于他人？不要疑惑，不要抱怨，而应该先问问自己一些问题：

自己是否像画家仔细研究画布一样，仔细钻研过职业领域的各个细节问题？为了增加自己的知识面，或者为了给你的领导创造更多的价值，你认真阅读过专业方面的书籍吗？如果你对这些问题无法做出肯定的回答，那么这就是你无法取胜的原因。

无论从事什么职业，都应该精通它。勤于钻研，下决心掌握自己职业领域的所有问题，就可以使自己变得比他人更精通。如果你是工作方面的行家里手，精通自己的全部业务，就能赢得良好的声誉，也就拥有了一种脱颖而出的秘密武器。当你精通你的业务，成为你那个领域的专家时，你便具备了自己的优势。成为专家要尽快。

这里我们强调"尽快"，并没有一定的时间限制，只是说要越早越好。两年不算短，五年也不能说长，完全看你个人的资质和客观环境。但如果拖到四五十岁才成为专家，总是慢了些。

因为到了这个年龄，很多人也磨成专家了，那你还有什么优势？

因此"尽快"两个字的意思是——走上社会后入了行，就要毫不懈怠，竭尽全力地把那一行钻研清楚，并成为其中的佼佼者。如果你能这么做，很快就可以超越其他人。

那么怎样才能"尽快"在本领域中成为"专家"呢？

首先，选定你的行业。你可以根据所学来选，如没有机会"学以致用"，也没有关系，很多有成就的人所取得的成就与其在学校学的专业并没太大关系。不过，与其根据学业来选，不如根据兴趣来定。不管根据什么来选，一旦选定了这个行业，最好不要轻易转行，因为这样会让你中断学习，减低效率。每一行都有其苦乐，因此你不必想得太多，关键是要把精力放在你的工作之上。

其次，勤于钻研。行业选定之后，接下来要像海绵一样，广泛摄取、拼命吸收这一行业中的各种知识。你可以向同事、主管、前辈请教，这也是一种学习。另外可以吸收各种报章、杂志的信息。此外，也可以参加专业进修班、讲座、研讨会。也就是说，要在你所干的这一行业中全方位地深度发展。

最后，制定目标。你可以把自己的学习分成几个阶段，并限定在一定的时间内完成学习。这是一种压迫式学习法，可迫使自己向前进步，也可改变自己的习惯，训练自己的意志。

然后，你可以开始展示自己学习的成果，不必急于"功成名就"，但一段时间之后，假若你学有所成，并在自己的工作中表现出来，你必然会受到领导的注意。

不过，成了"专家"之后，你还必须注意时代发展的潮流，还要不断更新提高自我，否则，又会像他人一样原地踏步，"专家"水平又打折扣了。作为职员，一定要在安静的时候扪心自问，自己所从事的职业到底是不是自己内心所热爱的职业。如果不是，就应该趁早转行，如果是，就应该对职业有虔诚的心理。

自我有根据信仰选择工作的条件，但如果没有选择，实际上是人生的遗憾。多数人的忧虑、悔恨和沮丧都与不适应工作有关。所以我们不要仅仅因为一时的生活困顿或者自己家人的愿望，而勉强从事某一行业，也不要贸然决定终生从事某一行业，除非它能给你带来信仰上的确证。当然，你也必须认真仔细地考虑父母的建议，但要坚持一点，那就是最后的抉择必须由自己做出，因为未来的工作和生活，快乐还是悲哀，全部由你自己来承担。只有那些找到了自己最热爱的职业的人，才能够彻底掌握自己的命运。我们发现那些有成就的人，几乎都有一个共同的特征：无论才智高低，也无论从事哪一种行业，他们必然喜爱自己所做的事，并能在自己最热爱的事情上勤奋工作。

很多刚刚参加工作的年轻人整天无精打采，毫无工作与生活的乐趣，他们怨叹工作的不幸和人生的无聊。为什么他们会这样悲观呢？主要是因为他们正做着自己不感兴趣的事。

还有一些人有不错的学识，但是因为所从事的职业与他们的才能不相配，结果久而久之竟使原有的工作能力都失掉了。由此可见，一种不称心的职业最容易糟蹋人的精神，使人无法发挥自己的才能。

你的职业只要与自己的志趣相投，你就绝不会陷于失败的境地。年轻人一旦选择了真正感兴趣的职业，工作起来总能精力充沛、全力以赴，而决不会无精打采、垂头丧气。同时，一份合适的职业还会在各方面发挥你的才能，并使你迅速地进步。

第二章
有实力才配谈爱情

　　曾经有人说过，爱情是富人的游戏。这话虽然有失偏颇，但也有一定的道理。试想，如果你两手空空，又拿什么去和人家谈情说爱呢？也就是说，有实力的人才配谈爱情。当然，这个实力，除了钱财，还应包括品貌、学识、修养。

爱生活就要爱自己

美国著名医生史迈利·布兰敦说："适当程度的自爱对每一个正常人来说，都是健康的表现。为了从事工作或达到某种目标，适度关心自己是无可非议的。"

布兰敦医师的理论是正确的。我们女人要想活得健康、成熟，"喜欢你自己"是必要条件之一。喜欢自己，并不是"充满私欲"的自我满足。它仅仅是意味着"自我接受"，也就是接受自己的本来面目、自重和人性的尊严。

心理学家马斯洛在其著作《动机与个性》中也曾提到"自我接受"。他把它列入了心理学的最新概念："新近心理学上的主要概念是：自发性、解除束缚、自然、自我接受、敏感和满足。"

成熟的女人不会浪费时间比较自己和别人不同的地方，不会担忧自己不像比尔·史密斯那样有信心，或是像吉姆·琼斯那么积极进取。他可能有时会批评自己的表现，或觉察到自己的过错和效率低下，但他知道自己的目标和动机是对的，他仍愿意继续克服自己的弱点，向前奋进，而不是裹足不前。

成熟的女人会适度地忍耐自己，正如他适度地忍耐别人一样。他不会因自己有缺点就痛不欲生。

喜欢自己，是否会像喜欢别人一样重要呢？回答是肯定的。憎恨每件事或每个人的人，只是显示出他们的阴暗和自我厌恶。

哥伦比亚大学教育学院的亚瑟·贾西教授，认为教育应该帮助孩童及成人了解自己，并且培养出健康的自我接受态度。他在其著作《面对自我的教师》中指出：教师的生活和工作充满了辛劳、满足、希望和心痛，因此，"自我接受"对每名教师来说，都是非常重要的。

据调查，目前全美国医院里的病床，有半数以上是被情绪或精神出了问题的人所占据。有资料表明，这些病人大都不喜欢自己，都不能与自己和谐地相处下去。

分析导致这种情况的各种因素并不是本书要讲的内容，在这个充满竞争的社会，人们往往以物质上的成就来衡量人的价值。再加上名望的追求、枯燥乏味的工作，凡此种种，都容易使女人的精神产生疾病。另外，由于普遍缺乏一种有力、持续的宗教信念，更使人们的精神无所依靠。

哈佛大学的心理学家罗伯·怀特，在其发人深省的著作《进步中的生命：有关个性自然成长的研究》中提到，现今有一种观念极为流行，那就是："人必须调整自己，以适应周遭环境的各种压力。"

怀特博士还说，这个观念是基于一种理想，也就是认为，"人能毫无问题地去适应各种狭窄的管道、单调的例行公事、强制性的规定及达成角色任务的种种压力，等等。但其采取的行动是否成功，则须看其是否具有拒绝、帮助成长或是改进角色的能力；并且要能创造、表现出积极的力量，说到底，就是在其成长过程当中，要具有创意性的方针和态度。"

怀特博士的论点十分令人赞赏。我们女人很少有勇气独树一帜，或很清楚明了自己究竟拥护什么主张。我们的行为通常受社交或经济族群的影响，如衣、食、住或思考的方式，大概都与邻居差不多。假如周遭环境与我们的个性有差异，有抵触，我们女人就会变得神经质或不快乐，就会感到失落和迷惑——就会虐待我们自己。

卡耐基成人训练班上的一位女学员便曾碰到这种情形。她的先生是位成功的律师，有野心，做事积极，也相当独裁。这对夫妇的社交圈子当然是以先生的朋友为主，也都是相同典型的人——都以声望和取得的成就来衡量人的价值。

这位太太个性十分安静、谦逊，这样的生活环境常常使她觉得自己十分渺小，不能发挥自己的长处；而她所具有的品质美德，也常常被忽略、被藐视，因此她愈来愈对自己没有信心，也为自己不能达到别人的期望而痛苦不堪。渐渐地，她变得不珍爱自己。

这位女学员能够适应环境，但却不能适应她自己。她不能坦然地接受自己的本来面目，而期望能变成另一个与自己完全不同的人。她不明白的是：每个人都具有一定的作用，都可以在生活中表现出来。这种作用必须按照自己的个性表现出来，而不是模仿他人。什么时候明白了这点，她才会把失去的自我找回来。

她自我认同的第一步，是不再用别人的标准来评判自己，同时必须建立起自己的一套价值观点，然后以此为依据开始生活。她也必须学习如何与自己相处，不要常常批判自己、贬低自己。

不喜欢自己的人，外在表现的症状之一便是过度自我挑剔。适度的自我批评是健康的、有益的，对自我要求进步极有必要。但若超过一定的限度，则会影响我们的健康生活。

在卡耐基成人训练班上，有位女学员在下课之后跑来找老师，抱怨自己的演讲没有达到预期的效果。

她向老师诉苦说："当我站起来演讲的时候，突然显得很胆怯、很笨拙，而班上的其他学员似乎都显得泰然自若很有信心。我想到自己的种种缺点，便失去了勇气，无法再讲下去了。"

她还继续分析自己的弱点，并说得十分详细。

等她讲完之后，老师便告诉她原因的所在："并不是你演讲不好，而是你老想着自己的缺点，没有把长处发挥出来。"

其实，并不是缺点使我们的演讲、艺术作品或个人性格显得失败。莎士比亚的戏剧里有许多历史和地理上的错误；狄更斯的小说也有不少过度矫情的地方。但谁会去注意这些缺点呢？这些作品闪耀着不朽的光辉，是因为它们成就远远大于缺点，以至缺点都变得不重要了。我们爱我们的朋友，是因为他们的种种优点而不是缺点。

把注意力放在我们女性自身的好品质上。培养优点，克服弱点，如此才能不断进步并自我实践。当然，我们也要随时改正错误，但不必一直念念不忘。

耶稣遇到身体或精神受折磨的人后，他不会先去查问为什么这些人会如此，也不会只给予简单的同情说："可怜的人哪，你的运气真不好，环境处处与你做对。告诉我，你是如何落难的？"

耶稣没有这样做，而是直接切入问题重点。他说："你的罪被赦免了，回家去吧，不要再犯罪了。"

人们常因以前和现在所犯的种种过错，加之自己心灵的罪恶感，而显得自惭形秽。我们女性不应该尊敬或喜爱这样的自己。为了让自己跳出这样的情境，我们必须忘记过去，轻装上阵。

为了学习喜欢自己，我们女性必须培养出面对自己缺点的耐心。这并不意味我们必须降低水准，变得懒惰、糊涂或不再努力。这是表示我们必须了解一个事实：没有人，包括我们自己能永远达到100％的成功率。期待别人完美是不公平的，期待自己完美更是愚蠢荒唐的。

有一位女士是地地道道的完美主义者。她对每件事都力求精确，因此凡事不肯相信别人，而必须自己亲自去做。她连做个小小的报告都要费去许多时间研究；至于演讲，就更要准备得精疲力竭为止。她讨厌不速之客去打扰她，每次请客都要事前计划得尽善尽美，这一位女士费了这么大的苦心，终于把每件事都料理得井井有条，十分完美，一种冷酷的机械性的完美，没有欢乐、自在或温情。这样的完美，只能令人敬而远之。

要求自己时时保持完美其实是一种残酷的自我主义。其深一层的意思是，我们女性不能仅表现得和别人一样好，而是要超越其他人，要像明星一样闪闪发亮。我们的重点不是自我发挥，不是为了把事情弄好；我们注重的是要胜过别人，使自己达到凌驾于他人之上的独特地位。

作为一个凡人，完美主义者也如同一般人一样会犯错，会失败。但她们不能忍受这样的状况，因此会变得痛恨自己，不喜欢自己。这样苛待自己是错误的。有时候，我们要练习自我放松，认识到自己的某些错误，要学习喜欢自己。

独处也是学习喜欢自己的好方法。马里兰州巴尔的摩"赛顿心理学院"的医疗主任李奥·巴德莫医师曾写过："有人喜欢在晚上休息时反思当日的种种活动。这种独思冥想的习惯，显然是学习如何与自己相处的好方法。"

在生活中，我们女性只有能与自己好好相处，才能期望与别人也能好好相处。哈里·佛斯迪克曾经观察那些不能独处的人，形容他们好像"被风吹袭的池水一样，无法反映出美丽的风景来"。

独处是使自己的心灵憩息的港湾，是反省自己的最佳方法，是我们与外界接触的基础。安妮·马萝·林柏在其著作《来自海洋的礼物》中曾说过："我们只有在与自己内心相沟通的时候，才能与他人沟通。对我来说，我的内心就像幽静的泉水，只有内省时才能呈现其独特的魅力。"

独处能使我们女性更客观地透视自己的生命。《圣经》里有一句忠言："要安静，便可知道我就是神。"这话乃至理名言。

独处对我们女性的心灵运动十分有益处，就好像新鲜空气对我们的身体极有益处一样。

有人希望依赖别人得到快乐与满足，这无疑会为他人增添负担，并影响到彼此之间的关系。我们女性应该喜欢、尊重、欣赏我们自己，只有做到这一点才能培养出健康成熟的个性，也能增进与他人相处的能力。

随时秀出最好的自己

生命如白驹过隙，如此短暂，而青年时期更是其中一个短暂的阶段。可是这个时期，却是展示自我的最好时期，如果错过，真是太可惜了！

我们每个女人都有自己的思想、自己的个性，在这短暂而又宝贵的生命流光里，我们女性为什么不把自己的思想和个性展现出来，活出自己的本色呢？

活出本色，就是不要盲目复制别人。如果你不能成为一丛小灌木，那就当一片小草地；如果我们不能成为月亮，那就当一颗星星。决定成败的不是我们尺寸的大小，而在于做一个最好的自己。让我们来看一个小故事吧。

暴风雨吹打着窗户，而我，却在窗前端着一碗米饭，怎么也吃不下。或许因为自卑，或许因为失望，看着那一条条被风雨吹打的树枝，仿佛自己也在接受历史的鞭打。

我怎么也没有想到，一向发挥稳定的我在毕业考试中却突然失利，全县仅排295名，这对一向自负的我打击很大。我知道现在一切都晚了，只能默默地发呆，发呆……

父亲看见我发呆，轻轻地拍着我的肩膀说："干什么，不就是一次考试吗，没考好算什么？我们不怪你。"

我转过头，难过地说："可是，这次考试很重要的。"

父亲笑了，然后严肃地对我说："再重要，它也不过是一次考试，只要你尽力了，问心无愧就行。孩子，记住做最好的自己，你就是最棒的！"

"可是……"我还是有些不放心。

父亲一下子打断了我的话："你看这边的杨柳，多么不堪一击，因为它们永远生长在春风里，没经历过大风大浪。再看看那边的松柏，它们经历了严寒的洗礼，变得愈发坚强。孩子，我希望你做坚强的松柏而不是脆弱的杨柳。"

对呀，不经历风雨，哪见彩虹。以后的路还长，我要做最好的自己、最棒的自己、最勇敢的自己。

突然，太阳出来了，天边挂着一道美丽的彩虹。不知不觉中，一碗米饭也被我吃得精光。

是啊，我们女性都要做最好的自己，只有这样，才是我们真正的人生。做最好的自己，无论是谁，若把这句话当作自己的人生目标，她一定会很充实、很快乐、很成功。做最好的自己，说得很简单，但要做到这点，其实也是件不容易的事情。

我们女性做自己就要了解自己，明白自己是个怎样的人：有哪些独特的地方，有哪些优点和缺点，有什么兴趣和爱好，有什么理想和志向。

做自己要接纳自己，无论我们女性的家庭有多么贫困，我们的父母多么无知，我们都要承认他们，坦然接受他们；我们的长相，丑也罢，矮也罢，黑也罢，胖也罢，或者满脸的青春痘，甚至身有残疾，镜子里的那个人就是我们自己，我们都要满心喜悦地面对他，能够像欣赏艺术品一样欣赏他。

做自己要坚信自己，每一个人都是造物主在世上唯一的作品，没有复制，没有克隆。我们身上的每一个特点也都染上了我们的色彩，或红，或蓝。

尽管时尚流行着其他的色彩，不用担心，也不用害怕，更不要盲从轻率地做出改变，造物主不是把我们当作别人的附庸而产生出来的，我们仅是作为我们而存在。

我们可以在下雨天一头冲进雨中，去享受雨水带给我们的幸福与快乐。即使别人说我们是疯子又如何，我们可以不去理会这些。

只做自己心中想的，不去计较别人会怎么说我们，不用在意别人讨厌不讨厌，喜欢不喜欢我们的行为。千万别想着别人会怎样看自己，不要让别人的嘲笑、讽刺、轻蔑成为我们的绊脚石。"走自己的路，让别人说去吧！"这句话并不这是一句台词，而是我们女性的人生格言。

秀出自我，就是要把最真实的自我展现出来，而不是虚伪地装扮出来另一个自己。最真实的我才是最好的我。快乐、伤心、生气，自己的气息，才是唯一的美丽。最真实的我，最开心的我，最最满足的小小的我。

我们每个女人都以自己不同的活法生活在这个世界上，有优秀的，当然也有差的。世界上的人不可能全部都是优秀的，就连优秀的人，都需要差的人来衬托，不是吗？

我们想做葱郁的大树，但是我们只是一棵单薄的小草；我们想做高贵的牡丹，我们却只是路边的一株不起眼的小野菊；我们想做一望无际的大海，但我们只是一条小溪；我们想做最耀眼的太阳，可是我们只是一颗时隐时现的星星。

在这个时候，不要灰心，不要气馁，因为我们虽然没有做到最好，但是我们也已经发挥出了自己的优点。

我们是一棵小草，但是我们也为绿地做出一份贡献，虽然很薄弱；我们是一株不起眼的小野菊，但是我们也为路边增添了一份绚丽的色彩；我们是一条小溪，但是我们为孩子们带来了欢乐；虽然我们是一颗时隐时现的星星，但是我们用自己的身体装饰了漆黑的夜幕。俗话说："金无足赤，人无完人。"每个人都不是十全十美的，我们在这方面做得很差劲，但是我们在别的方面做得却很优秀，我们女人要相信自己，别人能做到的，自己经过努力也能做到。

不能做大树，就做小草；不能做牡丹，就做路边的小野菊；不能做大海，就做小溪；不能做太阳，就做星星。总而言之一句话："做最好的自己，自己的敌人就是自己。"

要不断地完善自己。最好不是和别人比，天外有天，人外有人。和别人比较，我们永远都成不了最好的一个，我们也永远享受不到成功的喜悦。最好是和自己比较，和过去的自己、昨天的自己比较，让自己成为今天最好的自己，努力让自己的每一天都有收获、有进步。

做最好的自己不在乎我们昨天是怎样的一个人，不在乎我们底子有多薄，基础有多差，只要努力，我们就可以比不努力的我们更好，只要我们坚持努力，我们完全可以成为最好的自己。

完善自己不是盲目地完善，比如一个学生，压缩休息和运动的时间来努力学习，精神固然可嘉，但这样永远做不到最好。一天只有 24 小时，我们不可能 24 小时不停地学习。

人的精力是有限的，我们首先要保证在课堂上的效率，保证自习课的效率，在精力允许的情况下不断进取。那么晚上当躺在床上的时候，我们就能够坦然地对自己说今天我们做到了最好。要学会珍爱自己。珍爱自己就是要我们别虐待自己、苛求自己、反对自己，而是要我们看重自己、拥护自己、赞美自己。

尤其是当我们处于最痛楚无助、最孤立无援的时候，在我们必须独立支撑着人生的苦难，且没有一个人为我们分担的时候，我们绝不能自暴自弃，自戕自贱，而是应该学会给自己送一束鲜花，给自己唱一支动人的歌，给自己一个明媚灿烂的笑容，让快乐永远伴随我们。

要相信自己。假如我们自比于泥块，那我们将真的会成为被人践踏的泥块；假如我们心里总是嘀咕自己是愚笨的、无能的，那我们就会变得无足轻重，毫无作用。

试想一下，一个连自己都不相信的人，总是以他人为尺度，唯唯诺诺、自卑不堪，这样的人怎会快乐，怎能体验到快乐？

我们应该觉悟到天生我材必有用，觉悟到造物育我必须充分体现出生命的至善至高至美的境界，这样我们才能实现理想中的自我，才能赢得出色的人生，才能创造辉煌的奇迹，才能与快乐相伴。做最好的自己，就是要我们看重自己，自信、自律、自强、自尊，坚信自己作为宇宙之子降临大地，那么大地自然会给我们一席之地。

做最好的自己，绝不是说我们要固执，要变得狂妄自大、我行我素、自我陶醉、自我膨胀、自我吹嘘，而是说我们要寻找到快乐，就要学会寻回自我。生命里要有一种硬度，不要轻易叹息，也不要露出我们心头的点点伤痕。当我们受到挫折遭到冷遇面临坎坷失去快乐的时候，我们不能卑躬屈膝垂头丧气，双目无神丧失自我，而应该坦坦荡荡地来到人群中间。

我们要用挺拔的身躯，用嘴角眉梢上平静的微笑来证明：我们女性不会退缩、不会逃避、不会沉沦、不会萎靡！梦想不再遥远，快乐不再遥远，辉煌不再遥远！女性朋友，让我们大胆地秀出真实的自我吧！那就是最好的自己。

你为什么总是失败

有的女人常常这样想，我与别人同样努力，同样勤奋，为什么别人成功了，我却总是失败？是啊！同样是女人，为什么别人成功，你却总是失败？

许多年前，有一则关于300条鲸鱼突然死亡的报道。这些鲸鱼在追逐沙丁鱼时，不知不觉被困在一个海湾里。美国学者哈里斯这样说："这些小鱼把海上巨人引向了死亡。鲸鱼因为追逐小利而惨死，为了微不足道的目标而空耗了自己的巨大力量。"

哈里斯指出，没有目标的人，就像故事中的那些鲸鱼。他们有巨大的力量与潜能，但他们把精力放在小事情上，而小事情使他们忘记了自己本应做什么。说得明白一点，要发挥潜能，你必须全神贯注于自己有优势并且会有高回报的方面。目标能助你集中精力。

爱因斯坦说：一个人只有全部精力集中于他的事业的时候才能成为一个大师！分得清楚主要矛盾和次要矛盾的人能拿到西瓜，即使他有可能丢了芝麻，而先抓住次要矛盾不放的人，他能得到芝麻，可是，离西瓜的目标就有点远了。另外，当你不停地在自己有优势的方面努力时，这些优势会进一步发展。最终，在实现目标时，你自己成为什么样的人比你得到什么东西重要得多。

著名的职业顾问罗宾斯也告诫人们："别把精力放在鸡毛蒜皮这类小事上，多想想大事！不要让那些琐碎的小事情绊住了伟大的灵魂。"

许多女人在面临职业生涯选择时总显得犹豫不决，这个现象称为"被艾尔维斯所干扰"。如果你总是"被艾尔维斯所干扰"，就永远无法在职业生涯中有所作为，在其他许多重要的方面估计也成不了什么大器。

关于人们这种逃避现实的倾向，亨利·戴维·索洛曾这样描述道："假设把生活比作开火车的话，如果让人们完全按照本性去生活一天，我敢担保每列火车都会走上岔路而脱轨，谁也不可能一直在直直的轨道上行走。而出岔的原因也许是铁轨上的一个小小的螺丝钉或是空中飞过的一只蚊子。"

"一个小小的螺丝钉和空中飞过的一只蚊子"实际上是不可能让你的火车翻倒的，可人们却往往愿意把注意力分散到这些小事情上去，结果忘记了行驶的方向和手里掌控的方向盘。

主要矛盾和次要矛盾是必须得分清楚的。我们在行驶的过程中，那些蚊子或者是那些螺丝钉，既然它们不会影响我们的行驶，我们大可不必去理睬它们，我们唯一要做的是抓住主要矛盾，先解决主要矛盾。

这蚊子和螺丝钉能不能称得上是次要矛盾？能的话你还是得把它们先放一边，如果连次要矛盾都称不上的话，你最好不要去理睬这些对你的成功无任何帮助的事情。

每个女人都有过这样的想法：既然每道难题都有其最好的解决办法，那么我为什么不多想想，从而做出最正确的选择呢？这种在很多人身上都存在的固有的思维方式导致我们原本简单的生活复杂化。

虽然每个人都有自己做决定的独特方法，但不幸的是，很多人都认为自己的选择未必是最正确的。我们无法预知将来，无法提前看到我们的选择究竟会有多少益处，所以害怕将来不遂心愿。

可话说白了，将来的事谁又能把握住呢？最重要的是抓住现在，只要你现在觉得自己是对的就可以了。如果相反呢？也简单，马上改过来！

利用好现有资源，最大限度地让其为你的选择服务；相信自己能够随着局势的变化做出恰当的调整；如果意识到自己的选择是错误的，以最快的速度放弃并给自己找出新的机会。

做决定前，将注意力集中于自己的真实目标上。你可以先问问自己，这些事情是不是主要的，是不是你当前必须处理的大事情，那些小事情，对你的目标没有实质性益处的，就不要理会太多了，即使花时间，也尽量减少那些时间的投入。

在小事情上迅速做决定，别浪费时间和精力，那样做很不值得，不然的话，多年以后你会后悔的。

一种选择的获取同时也意味着对另一种选择的放弃，没有人能够什么都得到，贪婪反而会令你失去全部。因此，应该告诉自己是将最不重要的那一个划掉的时候了，丢掉不必要的负荷，抓住最主要的，这就足够了。

如果面对的问题很复杂，选择的意义很重大，那千万不要草率。深呼吸，放松你的全身，问问自己最想要的是什么。一遍不行，再问一遍。要是还不能决定的话，那就不要勉强自己，这说明现在还不是选择的时候，将问题搁置一下，也许明天的某个时候会有答案来找你。最重要的是一定要放松心情！

当我们犹豫不决的时候，不妨出去走走，去散散心，看看蓝天，看看花草树木，说不定主意已经在某个路口等着你。

注意力集中在小事情上的时候，会使自己从更大事情的紧迫中虚假地摆脱出来，让你忘记了你该做的大事情；人的注意力是有限的，把注意力集中在重要的、有效的事情上是提高时间效率的根本。许多人总喜欢抱怨效率不高，时间不够用，实际上是他们往往花了很多时间在那些无谓的事情上，这又是何苦呢？

把小事情列份清单，包括所需要的时间，然后根据实际情况在适当的时候安排完成其中的某些事情，包括每天定期完成某几项。这样你就可以减少那些小事情对你的干扰，避免小事情打乱你正常的思维方式。不束缚于小事情，让我们女性做事的眼界更宽阔、更灵活。小事情是指无关大局的细枝末节，非原则的琐事。它的外延非常之广，小到生活琐事，衣着起居之类的。大科学家爱因斯坦整日蓬头垢面，可谓不拘小节；大文豪李白豪放不羁，也是不拘小节。小事情是事物发展的次要矛盾，把握事物的发展更应看方向和主流。

从"成大事者"的主体特点来看，成大事者，绝非普通的成才，他必然在某个领域取得了杰出成就，并对社会产生较大并持久的积极影响。纵观古今之成大事者，可以发现他们身上共同的特征：一是具有长远的眼光，对事物发展有敏锐的洞察力和预见力，有明细的人生目标和定位；二是他们善于把握事物的主要矛盾，不会拘泥于无原则的琐事上；三是成大事者往往性格独特，不拘小节。若拘于小节，将精力和时间过度地投放在非原则的琐事之上，"眉毛胡子一把抓"，必然对成大事产生阻碍作用。

从理论层面判断，事物的矛盾可分为主要矛盾和次要矛盾，"方向""大局"是事物的主要矛盾，对事物的发展起主导作用；"小节"是次要矛盾。处理问题不能舍本逐末。要知道，解决主要矛盾的同时，次要矛盾也能迎刃而解。

韩信是个个性很强的人，他受胯下之辱，当时怎么就不用身上挎的宝剑杀死那个敢当众侮辱他的人呢？韩信正因为不把这些小事情放在心头，甘受胯下之辱，得以保全了性命，从而为西汉立下了汗马功劳，并名载史册！

当时的情况，如果他要出那口恶气的话，他随时都有可能杀死那个人，可他没有那么做，因为他知道还有更重要的事情等待他去完成，比起后来他所建的功业，受个胯下之辱又如何？

　　作为一个社会人，我们女性要从烦琐的事务和干扰中脱身出来，从全面的角度为自己的事业把脉，不要被那些小事情所迷惑而挡住了你的视线。学习"会当凌绝顶，一览众山小"的本领；而不能"舍本逐末；只见树木，不见森林；一叶障目，不见泰山"。韩信胸存大志，目标明确，所以才能够"将军额头能跑马，宰相腹中能撑船"。

　　著名的德国诗人歌德说过：重要之事不可受芝麻绿豆小事所累。为什么一些女性树立了目标却久久不能实现？为什么成大事者总会那么少？因为太多人缺少了"不拘小节"的品质和气魄。

　　她们很容易被琐碎的小事分散精力，而成大事者就不同了，认准了目标就勇往直前，抛开一切不必要的束缚和羁绊，集中精力做主要之事。久而久之，差距就拉开了，"拘泥小节"的人仍然是一般人，而"不拘小节"的人却成就了大事业。

　　上帝是公平的，给每个人的时间都是 24 个小时，不会因为你是成大事者就多给你 2 个小时。成大事者与一般人相比，有着更卓越的思想和更超群的能力，他们只是集中精力做一般人不能做成或无能力做的大事，而不会拘泥于琐碎小事。就全社会而言，成大事者是稀缺资源，这些稀缺资源只有用到最需要的地方，才能实现效益最大化，否则就意味着重大损失和浪费。

　　在社会分工日益细化的今天，每个职位的责任和范围更加明确。所谓各司其职，不是说一个领导对下属工作不闻不问，而是说不能越界过多去干涉下属的具体工作。否则，不但自己因为琐碎之事模糊了整体考虑问题的视野，舍本逐末，做不好本职工作，而且会引起信任危机，使下属的积极性受到损害。出力不讨好的事，成大事者是不会去做的。

循序渐进走稳前行步伐

　　理想可以远大，但做事要根据客观情况，不可急于求成。做事若急于求成，就会像饥饿的人乍看到食物，狼吞虎咽，反而会引起消化不良。

　　做事迅速的女性，并不是事事贪多图快的人，而是办事富有成效的人。赛跑中率先抵达终点的人，并非因为步子迈得大、脚跨得高，而是身体的协调使他冲到了第一。因此，事业不能以耗时长短来论英雄。

　　一位智者说过："慢些，我们就会更快。"没错，有些女性为了显示效率，凡事草草了事，结果得不偿失，使得一件本需一次完成的事情，要重复多次。所以，做事情不要急于求成。

　　有一个小朋友，他很喜欢研究生物学，很想知道蛹是如何从茧里出来，变成蝴蝶的。

　　有一次，他走到草原上面看见一个茧，便带了回家。几天以后，这个茧出了一条裂口，看见里面的蝶蛹开始挣扎，想抓破茧出来。

　　这个过程达数小时之久，蝴蝶在里面很辛苦地拼命挣扎，怎么也没法子出来。这个小孩看了很着急，就想：不如让我帮帮它吧。便随手拿起剪刀把茧剪开，使蝴蝶飞出来。

　　但蝴蝶出来以后，因为翅膀的力量不够，变得很臃肿，飞不起来。蝴蝶以后再也飞不起来了，只能在地上爬，因为它没有经过自己奋斗。

这个故事说明了什么？说明必须瓜熟，方能蒂落；必须水到，方能渠成。急于求成，反而不成，这正是我们经常说的"欲速则不达"。

那只蝴蝶在茧里面要破开茧飞出来的时候，要很辛苦地挣扎，而挣扎的过程实际上是锻炼它那一对翅膀的过程。

如果通过它的努力，最后将这个茧冲破，便可以一飞冲天。但是这个小孩帮助它，用剪刀剪开茧，蝴蝶轻而易举地出来了，可是它的翅膀没有经过冲茧的奋斗，是没有力的。所以这个小孩想帮蝴蝶的忙，结果反害了蝴蝶，是欲速则不达。

当然，不急于求成，并不是说我们女性就放弃奋斗，不再努力做事。相反，我们女性要更加认真地做事，要懂得循序渐进，一步一个脚印地实现自己的理想。

蜗牛不相信自己的缓慢，一步一个脚印地向自己的目标爬行，终于到达了自己的目的地；水滴不相信自己的脆弱，日复一日，年复一年，一步一个脚印地撞击石块，终于造就了水滴石穿的奇迹；蚕蛹不相信茧的坚硬，一步一个脚印，每天努力一点，终于获得了破茧重生的光明。在生活中，也许你没有一个好的开始，但只要你一步一个脚印，每天努力一点，你终会获得成功。

起初，人本是不会走路的，就像人本身的进化一样，后来学会了走路。因为学会了走路，才可以在以后的人生中，画上一个又一个精彩的感叹号。起初，这地上也是没有路的，但因为走的人多了，于是便形成了一条又一条的路。

而我们女性，则是这一条条形形色色的路上的一个旅行者。我们从小到大，从会走路开始，便开始了我们漫长的旅途。

其实，我们女性在不知不觉中，就已经背起了行囊，踏上我们的人生之路。在这个漫长的旅途中，我们会遇到各种各样的事情，可能是我们意料之中的，也可能是我们女性从未遇到的难以想象的事情；可能会是一帆风顺、没有阻碍，也可能是充满坎坷、布满荆棘。

走羊肠小路，还是宽阔的大路？当然，我们每个女性选择的路都不一样，都会选择一条属于自己的路，并且顺着这条路坚毅地走下去。

如果不同的两个人都有坚持到底的信念，那么走出来的路想必也是不错的。相反，如果一个人没有顽强的信念，不能坚持到底，那么他的生活肯定也是不如所愿的。

有时，我们自己站在了一个十字路口，十分迷茫，不知道到底应该如何抉择，是向左，向右，向前，还是向后。但是，无论哪条路，如果没有信心走下去，那么最后的结果只有一个，那就是失败。

走路如此，学习知识当然也是这样。学知识是一个艰苦而漫长的过程，我们只有走稳脚步，才能见到美丽的风景。

成绩对我们来说有好有坏，一时的成绩差是避免不了的。对此，我们不可奢望一步登天，归根结底，就是要一步一个脚印地走下去，并且稳扎稳打，才能把成绩提高。其实一步一步地走，就是要我们打好基础，唯有基础牢固，才不致被生活中这样或那样的事情难倒。再深奥的知识也是以基础来组合的，总是万变不离其宗。

这就好比修一栋房子，如果地基都没有，能修好吗？总不能把房子修在空中吧！修房，不但要选好地基，并且地基要牢固，如果地基不稳，还谈什么修房子呢？也许刚修了一半，房子就已经散架了。

基础坚固了，我们女性还得有一颗积极进取的心，心态要摆正。

如果成绩差了，不找原因，而是一味地消沉，连同事、朋友的提醒，都视而不见，不落后才怪呢！

所以，我们女性要明白，如果我们成绩不好，只是暂时的，只要我们好学、勤学、善学，哪怕知识的大山再高、再险，我们都能攀越，登上顶峰。对于学知识，我们要做到的就是稳扎稳打，一步一个脚印！

忍辱负重成就人生事业

忍，是我们的一种情感，是一种自然的反应。同时，忍也是对我们人生的一种考验。人生中处处需要忍，正所谓"退一步海阔天空"，也许你忍一下，误会就会消除了。

人生在世，不可避免要同其他个体发生千差万别、千丝万缕的关系。事物之间总是要相互制约的，一个人在社会中同样不能够随心所欲、无拘无束。

而一个人要想成就一番事业，就必须吃常人不能吃的苦，流常人不能流的汗，忍常人不能忍之忍，归根结底，就是人生怎样运用好这个"忍"字。

每个女性在其一生当中，不可能任何事情都是一帆风顺的，总会遇到各种各样的困难与挫折，不管是来自外界的，还是来自自身的，都在所难免。

一个真正想有所成就的女性，必然不会以一时一事的顺利与阻碍为念，也不会为一时的成败所困扰，而是去奋发图强，艰苦奋斗，成就功业。"忍一时风平浪静，退一步海阔天空。"为了长远的考虑，何必去计较一时之长短呢？

人生有很多事，需要忍；人生有很多话，需要忍；人生有很多气，需要忍；人生有很多苦，需要忍；人生有很多欲，需要忍；人生有很多情，需要忍。

忍辱负重，对于做大事之人来说，它是成就事业所必须具备的基本素质。能在各种困境中忍受屈辱是一种能力，更是一种本领。小不忍则乱大谋，凡成就大业者莫不如此。

忍是一种宽广博大的胸怀，忍是一种包容一切的气概。忍讲究的是策略，体现的是智慧。"弓过盈则弯，刀至刚则断"，能忍者追求的是大智大谋，绝不做头脑发热的莽夫。

忍不是软弱，也不是窝囊；不是无能，也不是麻木；不是放弃对真理的追求，也不是放弃对原则的维护。

忍是一种眼光，忍是一种胸怀，忍是一种领悟，忍是一种人生的技巧，忍是一种超脱的智慧。

忍是一种美德，是一种风范，是一种高尚的境界，是一种无私的胸怀。没有忍，就没有平静；没有忍，就没有和谐；没有忍，就不存在友谊；没有忍，就谈不上远大的理想。

忍是一种风度。风度不是刻意表现出来的，而是源自遵经守训的内心修养，有德、有识、能忍、能让者方能有风度。

忍是一种勇气。在利益面前忍，是一种失去；在名誉面前忍，是一种牺牲；在情感面前忍，是一种付出。忍，可能使我们暂时失去一些东西，但却会带来永久的幸福；忍可能使我们感到暂时的痛苦，却不会让我们有太多的遗憾；忍可能让我们难过一阵子，但却不会让我们的心灵无法平静。

忍是一种智慧。有些人宁愿在一些小事情、小损失面前死缠烂打也不愿让步，结果和兄弟之间、朋友之间、邻里之间伤了和气，失去了情谊；有些人宁愿在矛盾面前针锋相对，也不愿退让，结果败坏了心情，为人际关系埋下了地雷。而睿智的人，总是以退为进，从长远的角度、积极的意义出发，摆脱现实的困境与纠缠，适当退让，为自己、为他人赢得更宽敞的生存空间。

忍是一种宽容；忍是一种谋略；忍是一种境界。一丝宽让，是积福的根苗。当被别人误解时，要宽容大度。从别人的角度去理解事情的起因，用一种善意的方式处理人际关系，相互理解，相互关爱。

忍，是人生的一种基本谋生课程。懂得忍，游走人生方容易得心应手。当忍处，俯首躬耕，勤力劳作，无语自显品质。不当忍处，拍案而起，奔走呼号，刚烈激昂，自溢英豪之气。

懂得忍，才会知道何为不忍。只知道不忍的人，就像手舞木棒的孩子，一直把自己挥舞得筋疲力尽，却不知道大多数的挥舞动作，只是在浪费自己的体力而已。

有所忍，必有所不忍。所以，这里所讲的"忍"并不是怯懦，也不是无能。从本质上来说，忍是强者的涵养，不能忍正表现出弱者的无奈。

俗话说："宰相肚里能撑船。"肚量小，不能容忍，那是不配做宰相的。忍是修身养性的前提，忍是安身立命的最好法宝，忍是众生和谐的祥瑞，忍是成就大业的利器，忍是生财致富的妙门……为了长远的考虑，何必计较一时、一事之长短？

一个女性在自己的生命当中一定要学会忍，只有做到了忍一时之愤，才能够真正地干出一番大事业。我们女性朋友也是如此，不管是在学习、生活还是以后的工作中，都要学会忍，只有这样，才能为自己打造出一条成功之路。

一往无前，不给潜能设限

生活中，常常有些女性自我设限，从而扼杀了自己的潜在能力，使自己拖着沉重的枷锁生活！自我设限，让我们女性沦为平庸之辈，让我们女性做事情过于依赖"经验"，让我们女性畏缩，不敢去追求成功。

因为我们女性在设限的时候，就在心里默认了一个"限止"，诸如"我不行啊""我不适合""我就只能做这些"之类的暗示，这些往往是人们无法取得伟大成就的原因之一。让我们来看一个有关潜能的小故事吧。

在美国纽约的街头，有一个卖气球的小贩，每当他生意不好的时候，总要向天空中放飞几只气球。这样，就会引来很多玩耍的小朋友围观，他的生意就会好起来。

一天，当他在纽约街头重复这个动作时，他发现在一大群围观的白人小孩子中间，有一位黑人小孩，用疑惑的目光望着天空，他在望什么呢？

小贩顺着黑人小孩的目光望去，他发现，在天空中一只黑色的气球也在飞。黑色，在黑人小孩的心中，代表着肮脏、怯弱、卑劣和下贱。

小贩很快看出了黑人小孩的心思，他走上前去，用手轻轻地触摸着黑人小孩的头，微笑着说："小伙子，黑色气球能不能飞上天，在于它心中有没有想飞的那一口气。如果这口气足够，那它一定能飞上天空。"

确实，能不能飞上天，关键在于气球里有没有那口气，而不是在于气球的颜色。如果你认为你飞不起来，那你肯定就飞不起来。

很多人，都在限制自己的能力，因为他们对自己没有信心，这样是不会成功的。

你是不是总是在想：不可能的，我身体这么弱，怎么能跑那么远；我脑子这么笨，怎么能够学会；我说话一点也不幽默，别人怎么会喜欢我？

这跟懦夫有什么区别？由于我们女性的自我设限，导致身体内无穷的潜能和欲望没有发挥出来。自我设限和其他人性的弱点一样，让你沦为平庸之辈！

有科学家曾经做过这样一个实验。

科学家在一个玻璃杯里放了一只跳蚤，发现跳蚤立即轻易地跳了出来。再重复几遍，结果还是一样。根据测试，跳蚤跳的高度一般可达它身体的400倍左右。

接下来实验者再次把这只跳蚤放进杯子里，不过这次在杯上加一个玻璃盖，"嘣"的一声，跳蚤重重地撞在玻璃盖上。跳蚤十分困惑，但是它不会停下来，因为跳蚤的生活方式就是"跳"。

一次次被撞，跳蚤开始变得聪明起来了，它开始根据盖子的高度来调整自己跳的高度。再过一阵子，这只跳蚤再也没有撞击到这个盖子，而是在盖子下面自由地跳动。

一天后，实验者开始把这个盖子轻轻拿掉了，它还是在原来的这个高度继续地跳。三天以后，他发现这只跳蚤还在那里跳。

一周以后发现，这只可怜的跳蚤还在这个玻璃杯里不停地跳着，它已经无法跳出这个玻璃杯了。

我们很多女性的遭遇与这只跳蚤极为相似。在成长的过程中特别是青年时期，遭受太多打击和挫折，于是奋发向上的热情、欲望自我限制了。

既对失败惶恐不安，又对失败习以为常，丧失了信心和勇气，变得懦弱、犹疑、狭隘、自卑、孤僻，害怕承担责任，不思进取，不敢拼搏。

这样的性格，在生活中最明显的表现就是随波逐流。成功的火种过早地熄灭了。她们不是抱怨这个世界不公平，就是怀疑自己的能力，她们不是千方百计去追求成功，而是一再地降低成功的标准，即使原有的一切限制已取消。

"玻璃盖"虽然被取掉，但她们早已经被撞怕了，或者已习惯了，不再跳上新的高度了。人往往因为害怕追求成功，而甘愿忍受失败者的生活。

难道跳蚤真的不能跳出这个杯子吗？不是。只是它的心里面已经默认了，这个杯子的高度是自己无法逾越的。

让这只跳蚤再次跳出这个玻璃杯的方法十分简单，只需拿一根小棒子突然重重地敲一下杯子；或者拿一盏酒精灯在杯底加热，当跳蚤热得受不了的时候，它就会"嘣"的一下，跳出杯子。

女性有时候也是这样。很多女人不敢去追求成功，不是追求不到成功，而是因为她们的心里面也默认了一个"高度"，这个高度常常暗示自己的潜意识：成功是不可能的，这是没有办法做到的。"心理高度"是人无法取得成就的根本原因之一。

自我设限是一种较为严重的心理误区，具有这种心理的人往往过分地贬低自己的才能，认为别人是不可超越的，从而使得自己不敢涉足一些原本可以涉足的领域。

在现实生活中，有许多喜欢为自己设限的人，如在追求一个目标的过程中，如果几个回合下来，没有达到自己预期的成效，就会产生"我不行""我根本不是做这件事的料"等消极想法。一个人如果总是给自己设限，那么无形中就给自己套上了一副枷锁，不能放开手脚去做事。

要不要跳？能不能跳过这个高度？能有多大的成功？这一切问题的答案，并不需要等到事实结果的出现，而只要看看一开始每个人对这些问题是如何思考的，就已经知道答案了。

不要自我设限。要每天都大声地告诉自己：我是最棒的，我一定会成功！

曾经有一家跨国企业在招聘中出了这么一道题："就你目前的水平，你认为10年后，自己的月薪是多少？你理想的月薪应该是多少？"

结果，那些回答数目奇高的应聘者全部被录用。其后招聘官解释说："一个人认为自己10年后的工薪竟然和现在差不多或者高不了多少，这首先说明他对自己的学习、前进的步伐抱怀疑的态度，他害怕自己走不出现在的圈子，甚至干得还不如现在好。这种人在工作中往往没什么激情，容易自我设限，做一天和尚撞一天钟。他对自己的未来都没有信心，我们又怎能对他有信心？"

实际上，所谓的"不行"，只是自己给自己画的一条线而已，只要你再努力一下，只要换一种思考方式，就能够看到胜利的曙光，就会发现原来困难也不过如此。

成功，应该首先始于一个人的意愿。当一个女性失去了生活的动力，甚至是万念俱灰时，不论旁人如何为他鼓劲，都是徒劳的，你不愿成功，谁拿你也没办法；但如果一个女性有了"不达目的誓不罢休"的念头时，不论周围有多少的反对声，她也会"上刀山下火海"，在所不惜，你想成功，谁都阻挡不了。

女性朋友们，永远不要给自己设限！我们应该多多地思考，人生还有更加广阔的天地。

如果你想得到从来没有得到过的东西，那就得去做你从来没有做过的事情，你的潜能就能成为真正的能力，你的人生就会从此改变……

坚定意志撞了南墙也不回头

一个女人如果没有了意志，如同草木没有了水一样，逐渐枯萎。如果志向不能实现，那么人生将会变得黯淡无光。古人成就大事毫不缺乏坚忍不拔之志。所以，有坚忍不拔之志，才能成就我们的梦想。

意志坚定能使得人的生命力得到最大限度的发挥，即使败，也败出动人心魄的辉煌来。

坚定的意志，能激励我们不断前进，并最终取得成功。坚强的意志，甚至可以创造出惊人的奇迹。

在现实社会中，志是不容易被阻挡的，有志的人，非常清楚自己人生的价值。"有志不在千里，但无志却判若一世。"意思就是说，志向是人的一生都要去追寻的。

人生的志向，犹如一盏长明灯，照亮着我们人生成功的道路；犹如一首感人肺腑的乐曲；犹如一杯甘醇的清泉，激励着每个人勇往直前、永不言败。志向是不能被阻挡的，漫漫人生路上，没有人能阻止一个人的志向，一旦你有了志向，就会一发不可收拾，勇往直前，去完成人生奋斗的目标。可是在现实生活中，很多女性一旦自己的愿望和要求不能实现，或遇到困难和打击，她们就会精神萎靡不振，或唯唯诺诺，或马上退缩。

不难发现，那些对奋斗目标用心不专、左右摇摆，对琐碎的工作总是寻找遁词，懈怠逃避的女性，注定是要失败的。成功与失败的分水岭就在于意志力的强弱差异：成功者常常是意志力坚强的人，失败者常常是意志力薄弱的人。

我们女性必须培养自己的意志力，从而获得更大的动力之源，成就自己多彩的人生。在日常的学习和生活中，不管做什么事，坚定的意志力是必不可少的。虽然有许多事情我们不能顺利完成，但如果我们女性能坚持到最后，能够全力以赴，就会受益匪浅。

其实，每个人的行动都是由自身的意志力决定的，意志力是一个人性格特征的核心力量，是人行动的驱动器。顽强的意志就像人生旅途中的成功指南，能助你一臂之力，帮助你渡过难关。

女性朋友们，我们做事时，遇到困难、令人头疼时就放弃不做了，这是不行的。在学习与生活中，需要具有百折不挠的精神，不断地调整自己的心态，学会坚定，把持住自己的意志，在坚持中找到自我。

也许有人会问："为什么我坚持了却没有胜利呢？"那么，你是否长期坚持了呢？"功到自然成"，你如果只坚持了三天，五天，一个月，两个月，当然无法到达胜利的彼岸。

法国启蒙思想家布封曾说过："天才就是长期的坚忍不拔。"我国著名数学家华罗庚也曾说："治学问，做研究工作，必须坚忍不拔。"的确，无论我们女性做什么事，想要取得成功，坚忍不拔的毅力和持之以恒的精神都是不可缺少的。什么东西比石头还硬，或比水还软？然而软水却穿透了硬石，这只是因为它能够坚持不懈而已。

也许，我们女性的人生旅途上沼泽遍布，荆棘丛生；也许我们女性追求的风景总是山重水复，不见柳暗花明；也许，我们女性前行的步履总是沉重、蹒跚；也许，我们女性需要在黑暗中摸索很长时间，才能找寻到光明；也许，我们女性虔诚的信念会被世俗的尘雾缠绕，而不能自由翱翔；也许，我们女性高贵的灵魂暂时在现实中找不到寄放的净土……

那么，我们女性为什么不以勇敢者的气魄，坚定自信地对自己说一声"再试一次！"也许只是再试一次，我们女性就有可能达到成功的彼岸！永不放弃心中的梦想，因为未来的路还很长；永不放弃心中的梦想，因为彩虹总是在风雨之后才能在天空中显现；永不放弃心中的梦想，因为星星不仅指示着黑暗，也报告着曙光！永不放弃心中的梦想，不是愚昧的坚持，不是愚蠢的执着，而是对生命万分的敬仰和感激，而是对生命无比深情的歌唱。

女性朋友，我们每天的奋斗就像对参天大树的一次砍击，刚开始可能了无痕迹。每一击看似微不足道，然而，累积起来，巨树终会倒下。努力就像冲洗高山的雨滴，吞噬猛虎的蚂蚁，照亮大地的星辰，建起金字塔的奴隶，只要一砖一瓦地建造起自己的城堡，只要持之以恒，什么都可以做到。当困难绊住你成功脚步的时候，当失败挫伤你进取心的时候，当负担压得你喘不过气的时候，不要退缩，不要放弃，一定要坚持下去，因为只有坚忍不拔才能通向成功。

现在的社会，处处存在着机遇和挑战，作为新时代的女性，我们同男性一样，肩负着建设祖国的重任，因此，更应该学会坚忍不拔，坚持刻苦学习，坚持磨炼自己的意志，才能不断地提升自我，使自己的理想得到实现。

自讨苦吃，是为了以后不再吃苦

当我们的眼前出现困难时，我们女性该以怎样的态度去驾驶生命的小舟呢？是让它迎风破浪，驶向彼岸呢，还是让它止步不前，最终搁浅呢？

当然是尽我们所能地向前进！拿出我们非凡的勇气，以百折不挠的精神去面对。只要我们能做到，相信我们终会在山重水复疑无路的时候见到柳暗花明又一村，做到这些，我们女性不仅会冲出困境，还会目睹会当凌绝顶、一览众山小的壮观。

女性朋友，一定要学会追随成功者的脚步。中国电子商务网站的开拓者，一个敢于与全球著名的电子商务网 eBay（亿贝）相抗衡的中国网络经济巨人——马云，这个曾自称自己脑子笨，算也算不过人家，说也说不过人家的人。他的成功经历过多少困境，而他在困境中又经历过什么？

马云小时候学习不出众，倒是以调皮捣蛋出名，从小学到中学，瘦弱的他，因为打架，不止一次在学校受到处分，马云的父母、老师对他的未来没有抱任何希望。

在这样的情况下，他经过三次考试终于考进了杭州师范学院，当时他只过了专科线，后来由于本科未招满他才进了本科班。在别人流利的英语中他总是不知所云，常常是别人为一些谈话而笑声不止，他却不知别人为何而笑。

于是马云下决心要把学习赶上去，从此，他像变了一个人似的，以前的毛病在他的身上再也看不到了，他把自己所有的精力都放在了学习上。

为了提高自己的口语和听力，马云坚持每天清晨跑到西湖边找老外聊天，一有空就一个人跑到宾馆门口跟老外对话。其他的时间他都在背单词、学语法，有时常常是前边刚背完后边就忘了，他就坚持反反复复、一遍遍地背。

通过这样的坚持，马云渐渐地走出了困境，成绩也一步步地提升了。最后，他在毕业时成为毕业生中唯一一个被分到大学里当老师的学生。

六年后一次偶然的机会，马云接触到了互联网，而当时他对此还一窍不通，但他却意识到这是一座金山。马云毅然辞去了教师的工作，租了间房，用2万元的启动资金与一个学自动化的伙伴加上妻子三个人开始了创业。

马云知道自己这次面临的是一个更大的挑战、更大的困境、更陌生的领域，但他仍然勇敢地去面对。

首先还是学习。马云买来资料从开关机学起，开始了没日没夜的学习，每一天都是在电脑和书堆旁度过，渴了就喝点白开水，饿了就泡袋方便面。

就这样在他不断地学习和努力后，他的第一家互联网公司——海博网络成立了。1996年，公司的营业额不可思议地达到了700万元。之后他又加盟EDI中心，创办阿里巴巴网站等。

马云和其他的互联网精英不一样，他没有一流的高校专业背景，没有殷实的家境，甚至起初他根本不懂互联网技术。但是最后他成功了，其成功的背后是什么我们可想而知。

请记住，困境面前不是没有路，而是我们没有发现路，如果我们能尽己所能地冲过去，那么我们就会惊奇地发现，原来出路就在自己的脚下。

大学时的马云在成绩很糟糕的情况下，勇敢地面对困境，通过自己的努力走出了最黑暗的时光，迎来了自己崭新的人生。而当互联网的困难再次迎面而来时，他又是用同样坚定的信念，从困境中走了出来。他这种困境面前不退缩、勇敢面对的精神正是我们所要学习的。

一是不在困境中驻足。马云没有在困境中驻足，他开始了自己艰难的努力，他的努力换来的是事业的成功，如果一个人遇到困难就停下脚步，那么他只能永远被成功挡在门外。

"人生不如意事十之八九"，人总有面对困难的时候。而当困难来临的时候，有的人陷入惶恐、焦虑、悲痛等心理中无法前行，但有的人却相信总有一条路是属于自己的，不放弃、不抛弃，努力地走下去。

只有勇往直前的人才能在努力后得到成功，驻足的人只能一直在原地痛苦着。

二是引导自己。学会自我引导，告诉自己只有勇于突破才有坦途，只有敢于面对才能成功。马云一直在自我引导。自己的人生自己做主，不给自己退缩的机会，激发自己的斗志，用一颗奋发向上的心努力前行。这样我们一定能突破一个个困境，走向成功。

成功后，我们会觉得困境中的自己是那么的可爱，那种拼搏的劲头是多么让人骄傲。我们会感谢困境，是它让我们看到了自己的力量是多么的势不可挡，是它让我们证明了自己的能力。

三是挖掘自己的潜力。困境面前最需要的就是挖掘自己的所有潜力，马云一直认为自己是一个"笨"人，但是在困境面前他挖掘出了自己最大的潜力，通过努力证明了自己并不笨。

困境中是最能激发自己斗志、挖掘自己潜力的时候。这时我们会拼命地努力要证明自己。在这样的努力中，人的潜力会被一点点地挖掘出来。我们应该感谢困境和挫折，因为是它们让我们发现了自己的潜力这么大。

总之，只要我们女性有坚韧的意志力，有坚定的信心，有不屈不挠的精神，困境就不可怕。

做点兼职，让自己钱包鼓起来

现实生活中，很多女性朋友总是觉得自己赚的钱不够多。其实，精明的女性只要针对自己的实际情况做出正确判断，就可以在 8 小时之外找到合适的致富途径，对于工作压力不是很大，有自己的特长且有大量空余时间的职业女性来说，兼职也是一种很好的生财之道。

兼职有哪些好处

随着自媒体、"抖音""快手"等专业兼职网站的日渐流行，工作之余用自己的特长赚点钱，已经成为很多职业女性的理财方式。对于女性朋友来说，兼职有哪些好处呢？

一是提高专业能力与积累工作经验。如果在一个封闭的环境中待的时间太久，女性朋友想要拓展人生经历，提高自己的专业水平，充实生活，常常有一定困难。如果选择兼职，从封闭的环境中走出来，接触到更多的人和事，不仅可以提高工作能力，还可以积累一定的工作和社会经验。

二是为改行或以后找工作打基础。在很多大城市，很多职业女性都流行兼职。同时，对于聘请兼职人员的单位来说，既节约了成本，又提高了资金的利用率和工作效率，而且还可减少很多福利和培训费用；再加上兼职女性创造的直接经济效益，用人单位更是财源广进。

而对于寻求兼职的女性朋友来说，选择合适的兼职，可以为将来寻找更加合适的工作奠定基础，同时，也可降低重新择业的风险。

三是充分挖掘自己的价值和能力。越来越多的女性开始认同这样一个观念：寻求展现能力的舞台，尽情发挥自己的潜能是一件很正常的事，但我们的本职工作往往只能用到能力的一方面，无法完全证明自己的能力。有了兼职，女性朋友就可以让自己其他方面的优势也得以展现，因此，有能力的女性往往会寻找多个发挥能力的空间，最大限度地体现自己的价值。

但是，职业女性们在选择兼职的时候，一定要注意选择与自己的特长和未来发展方向相结合的兼职方式。兼职是为了缩短自主创业的路程，减小打工者到老板之间的距离，如果只是单纯地把兼职当赚钱的工具，为眼前的一点利益斤斤计较，忘记了对自己能力的锻炼，结果可能就会得不偿失了。

当今社会发展的多元化让每个人的潜能都得到了充分的发挥。有些行业，如计算机编程、财会工作的随意性和自由度较大，给女性朋友们提供了很好的兼职机会，但是，要做好自己的兼职并不是一件很容易的事，女性朋友挖掘第二条财脉时，必须处理好本职工作和兼职工作之间的关系。

兼职女性首先要根据自己的实际情况分清主次，本职工作与兼职产生冲突时一定要懂得舍弃，或与兼职单位进行协商，寻求一个妥善的办法。既要做好本职工作，又要兼职，这就意味着比平时投入更多的时间和精力，也要比平时承受更大的压力。因此，女性朋友在选择兼职之前，认真考虑一下，为自己的职业进行合理规划。

如果有大量的空余时间，除了本职工作之外，女性朋友还应该找一些适合自己的兼职。这样不仅使自己的潜力得到最大程度的发挥，还可在本职工作之外获得一份额外收获。

自由撰稿，用你的文采赚钱

随着时代的进步和市场的需要，国内开始风行一种全新的兼职职业：自由撰稿人。有人曾预测，在 21 世纪，文化领域中最热门的兼职行业将会是自由撰稿，以现在的形势看，果真如此。

早在 20 世纪末，一些报刊上就开始偶尔出现"自由撰稿人"一词，进入 21 世纪，这个词就更是频频出现在各种新闻媒体上。

作为一种新兴的社会职业群体，自由撰稿人的出现不仅给我国的新闻出版事业注入了新鲜血液，也为维持社会舆论和营造文化氛围做出了很大贡献。

自由撰稿人成了我国新闻出版事业中不可或缺的成员，而女性朋友因为先天的优势，可以更好地胜任自由撰稿这份工作。

文学功底深厚的女性朋友找一份自由撰稿的兼职工作，不占用上班时间，既可保证本职工作，同时还能满足自己的兴趣，而且可以获得额外收入，逐渐积累财富。

需要提醒女性朋友的是，作为一种出现不久的职业形式，兼职自由撰稿人对兼职者个人的职业素质要求较高，并不是适合所有女性。根据自由撰稿人的职业特点和要求，只有具备下列几方面的条件，女性朋友才适合从事这个行业。

一是具有基本的文学功底或最起码的文字表达能力；二是要有充分的业余时间；三是善于观察；四是对信息有一定的敏锐性；五是要有刻苦钻研的精神；六是有耐心，有信心；七是具备相关的法律常识。

写文章是很多女性朋友的强项，在不影响本职工作的基础上，做一份自己喜欢的工作，还能得到不少稿酬，相信每位精明的女性都不会放过这样的好机会。

做一个快乐的兼职会计

在经济迅猛发展的当今社会，兼职会计已成为女性朋友最常见的一种挣钱手段。只要找到三家以上的小公司做兼职会计，收入可能比专职会计还要多。因为，对于小企业来说，聘用一名专职会计成本较高，工作量也不是很大，所以很多小型公司都采用聘用兼职会计来节约开支。这类公司对兼职会计工作时间方面的要求不高，所以只要具备助理会计师资格以上的女性朋友，几乎都可以胜任。

在各种各样的招聘信息中，兼职会计的信息一直占据很大份额，可见其市场的需求很大。兼职会计的特点是工作任务不重，时间灵活，非常适合工作压力不大的职业女性。

兼职会计这项工作，对兼职者的专业技巧、知识、经验的要求较高，只有具备全面的财务知识和工作能力，才能担任这份工作。要想做一名合格的兼职会计，女性朋友必须具备以下条件：

一是具有相关的会计知识；二是有相对较多的空余时间；三是要细心，有强烈的责任心；四是尽量选择小企业。担任兼职会计对女性朋友的个人素质要求很高，但是，如果拥有了这方面的专业知识，就相当于拥有了别人没有的赚钱技能。

除此之外，做家教、当网络编辑、做兼职翻译对于女性朋友来说，都是不错的兼职工作，但女性朋友一定要量力而行，千万不要因为兼职赚钱而影响了本职工作，那样就得不偿失了。

第三章
动什么都别动感情

　　人人都说女人是感性动物，最容易一见钟情。正是女人的这种特性，使她们经历了太多的人生痛苦。当一个人的人生价值全部建立在另一个人的感情之上时，就会经不起任何风吹雨打，稍有风浪，即会土崩瓦解。

　　所以，请听一句忠告：动什么也别动感情。轻易动感情的女人常常会使自己陷于万劫不复的地步。

爱情不是生活的全部

一名 26 岁来自中国大陆的女留学生，恋上了一个有妇之夫——杨先生，因杨后来不想继续这段恋情，女学生由爱生恨，花一万五千元买凶，欲伤害杨的妻子，并扬言"要做出让杨姓男子后悔一辈子"的事。后来该女生在狱中度过 5 个月又 8 天后被遣返回国。

十几年前，因精湛的演技和惊人的美貌而倾倒成千上万观众的王祖贤，与富家公子林建岳的爱情残局使她退出了演艺圈，隐居温哥华，这颗星星从此不再闪烁。

女人难过爱情关，实在让人痛心。女人太重感情，常常心甘情愿做爱情的奴隶。女人总是难过爱情关，经常被爱情绊倒，坚强者能自己站起来，抚平伤口；不幸者从此一蹶不振。

琼瑶手上摇出的爱情，总是让女人们感动涕零。那世外桃源、不食人间烟火的爱情，只有小说里才能见到。而在现实生活中，爱情有时候是充满杂质和惊险的。

无论是中国女人还是外国女人，为爱所困、失去理智，断送了自己事业、断送了自己前程的事屡见不鲜。但最让人感慨的是电影《罗丹的情人》中的克密儿。

克密儿是位浑身充满艺术才气的年轻女艺术家，她典雅、美丽，被罗丹称为"大师"。她与罗丹的爱情促使罗丹的艺术灵感爆发，创作突飞猛进，但她自己却栽倒在爱情的脚下。

克密儿和罗丹的爱情受到了罗丹的同居女人的干涉，克密儿要求罗丹在两个女人中做出选择，罗丹左右为难，克密儿便离他而去。

如果故事戛然而止，那么世界上就多了一个杰出的雕塑家克密儿，她会给后人留下无数的艺术瑰宝，甚至拥有自己的雕塑博物馆。而现在人们只能在巴黎的罗丹博物馆看到罗丹为她塑的美丽塑像，她的故事会被人们想起。而更多的人，当她是默默无闻的模特，像浩瀚夜空中的一颗无名的流星。

遗憾的是，经过轰轰烈烈的热恋后，离开了罗丹的克密儿，生活发生了巨大的改变。她把对罗丹的爱变成了恨，生活进入了另一个极端，她与以前判若两人，她常说出或做出不理智的事。

她把垃圾、粪便倒在罗丹家门口，毁坏了自己在公众面前的形象，也破坏了她在罗丹心中的形象。她歇斯底里、酗酒、猜疑，把自己在艺术上的挫折归咎于罗丹的阴谋，她的精神被扭曲了最后几近崩溃，住进了精神病院，直至离开人世。

一个才华横溢的年轻雕塑家的艺术生命被这场爱情断送了，一个自信、高贵、纯真的女人的人格和灵魂被这场爱情摧毁了。因为爱情，克密儿的人生成了悲剧。这个爱情"跟斗"摔得太惨了。谁能不惋惜？

爱情如同一场赌博，输赢未卜。既然陷进去了，就要输得起。输掉些时光，输掉些感情，输掉男人也算不了什么，但不能输掉自己的尊严、人格和人生。失败的爱情和失败的婚姻都不等于失败的人生，男人不是生命中的全部。克密儿彻底地输了，输掉了她的艺术才华和后半生，她把爱情和人生两者画上了等号。

爱情不仅仅等同于甜蜜，它有苦，有涩，也有麻。爱得深，妒得也深。从嫉妒到仇恨仅一步之遥。如果爱情不仅不能使一个人的人格升华，变得更美丽、更自信、更优雅、更充实、生活得更有意义反而使人心里充满妒忌、敌意、甚至仇恨，心灵扭曲，那么，就是放爱情走的时候了。

否则，不但伤自己、伤对方、也伤害爱情本身。人生的路很长，人人都会遇到坎坷。孔子说得好，仁者不忧，智者不惑，勇者不惧。在爱情面前，也要做到淡定自如。

人生没有完美的事，品味遗憾有时是一种美。一份没有结局的感情倒可能成为永恒。电影《廊桥遗梦》给人们带来的美好就是女主人公没有放弃家庭离家出去追求爱情，她的四天爱情在她心中美好地永恒了，因为她做的正是恰到好处，该放手时且放手。

女人们，不能把爱情当作生命的全部，爱要成熟理智，该放手时就放手。

像男人挑剔女人一样挑剔男人

女人太看中对爱情的感觉，梦想着能让她一见倾心的白马王子。如果她在看一个男人时，眼睛里没有迸射出电火花，没有刹那间的心动感觉，那么她是不可能对他产生爱情的。

而一旦打着了火，女人的爱情就变成了她顶礼膜拜的宗教。她放下了所有的矜持，丧失了原有的理智。她已分不清在自己爱情神坛上供奉的，究竟是天使还是魔鬼？爱情确实需要感觉，可是幸福的爱情却不能光凭那一刹那的电光火石。

女人挑选男人，应该有一双慧眼，像男人挑选女人一样挑剔。这里所说的慧眼，首先是应该看到两者之间的差异。其实电眼看到的，全是自己所喜欢的、需要的，只有慧眼才能看到你和他之间的差异。

这样，你便可能丢掉许多幼稚的幻想，以正确的心态看待他、看待感情；既然看到了差异，才能够对这种差异给你造成的困扰抱以平常心，而且想办法去调和这种差异。

2005年，荷兰王子克里斯蒂安因为议会不批准他和自己所爱的"灰姑娘"结婚，毅然放弃了皇位的继承权，甚至是皇室的身份，自贬为民。

媒体评论他的这种行为是"不爱江山爱美人"，但我却认为，他是要让自己和他喜欢的平民姑娘阿妮塔完全享受到情感的自由与幸福。所以，他们两人下决心求得身份上的认同。没有了"王子"，也就没有了"灰姑娘"，两人可以放下很多不必要的包袱。

看看别人，为了爱情连身份与地位都能放弃，足见对爱情的诚意。而我们的生活中，恋人之间更多的是人生价值和生活方式上的差异。

比如说，你觉得金钱够用就行，太多的金钱反而会增加自己的烦恼，但你的爱人却是一个金钱至上主义者。如果在这方面你们不能互相调和的话，那么会在生活中引发许许多多的矛盾。

比如说，你是一个喜欢安静的人，但他是一个喜欢跟大家一起热闹的人。如何调和这样的差异，将考验你们未来的生活是否能够幸福。俗话说"夫唱妇随"，但老是跟着他出去疯玩，也许大违你的意愿，在家里独处吧，你不免又会有所担心和抱怨。

很多人以性格不合的理由分手，其实正像世界上没有两片完全相同的树叶一样，没有两个人的性格是完全一致的。不同的是你们的生活方式，在恋爱中，我们就要开始互相磨合，求得双方都能接受的一个"妥协"。近些年来流行的"试婚"，无非也是想达到这样一个目的罢了。

在兴趣爱好方面，两人也最好能够找到某些共同点。男女在一起的时间久了，会越来越变得无话可说，这就是因为两人的精神世界没有一点交集。

女人更要注意培养一两个与爱人相同的兴趣，比如说，学着看看足球，这样你至少不会在世界杯期间幽怨地当一个"足球寡妇"了。比如说，看看电影和电视剧，你们会在共同的情感倾向中找到话题的。

在恋爱中求同，这个"同"不是电脑复制的那种同，而是一种思想、行为上的合拍，是一种相同的价值取向和思想旨趣。如果我们只是带着一副电眼去看男人，很可能只是注意到他的外在条件，而忽视了这一点。

再次，慧眼是指女人挑选男人的眼力。

如果非要选择一种"夫贵妻荣"的生活道路，那么劝女人一定要学会"炒股"。那些已经成功的男士们，就好比一支已经涨到高位的股票，如果你在这个时候买进，不但不能得到最大的收益，甚至如果它是人为抬起的虚高，很可能会在一夜之间暴跌，到那个时候损失惨重的一定是女人。

有些女人，只对那些有钱的事业有成的男人感兴趣，她们通过依附在这些男人的身上，来提高身份，获取利益。

可事实往往是，你想从他们身上获利，他们也想从你的身上获利，在多数情况下，你是斗不过这些精明成熟的"商人"的。"交易"结束一盘点，你一定会发现自己得不偿失。

当然，并不是每一个女人都是抱着"交易"的目的去的，她们也期待从这里面能够找到真感情。可是成功的男人们或者已经有了一个成功的家庭，或者有过十分丰富的情感阅历，或者他们本身对情感不屑一顾。

他们对女人的所谓"感情"也抱着相当的戒心，得到他们的心比得到他们的钱要更困难得多。

财经专家们告诉女人们，应该懂得选择"潜力股"。一个有事业心、有能力、有情义的男人，他在成长的过程中你就要慧眼识别，下手买定。

这样等到他成为一支"绩优股"，长到高位时，你的资本也就跟着一起成长了。我们在这里所说的成长，并不仅仅指的是"夫贵妻荣"，还包括女人自身的成长。和这样的优秀男人长期相伴，你自然也会成长为一个优秀的女人。

扔掉过往，不管曾爱得有多深

18岁，张华读大学一年级，与一个帅气又多情，令人过目难忘的男孩相恋了。他们像校园里无数的男生女生一样，悄悄地沉浸在浪漫的爱情里。

爱情只有走近时，才能发现它不仅仅只带给相爱的男女快乐。只经历了3个月的热恋，他们刚刚牵起的手却松开了，张华为爱情的短暂而心碎了。她不知道自己犯下什么错误，上帝会如此地惩罚她，但她清醒地发现自己的天空就这样坍塌了，包括灵魂和身体。

他们分手后一周，张华每天晚上把自己蒙在棉被里痛哭，那年的夏天特别热，弥漫在角角落落里的燥热帮着失恋的伤痛折磨着她，哭泣时她怀疑自己，甚至甘愿放弃自己，失恋仿佛把她带到绝望的角落，而自己的自信被它狠狠地击得支离破碎。

一直躲在阴郁角落的张华，终于在第8天，被清晨窗外照射来的刺目阳光灼醒。她拿起了一周都没有碰过的镜子，面对镜子，她试着微笑，镜子里久违的那张面孔熟悉又可爱，但她为自己脸上的苍白落泪了。

那个时候，她喜欢上了张学友的歌曲，《忘记你我做不到》《一路上有你》让她理解了真爱深情，于是她决定重新开始她的生活，又投入了紧张而又繁忙的生活之中。

其实，情感上的疼痛依旧在无人知晓的夜晚蔓延，无法忍受的时候张华学着去释放。也就在那个时候，另外一个男孩出现在她的身边，对她的呵护和关心，正好填补了她内心渴望已久的安全和温暖。

张华心里明白，自己不喜欢他，但他温柔的呵护缓解着自己的痛苦，甚至让她在暂时的遗忘后还偶尔快乐着。最初，她似乎很排斥和他一起，但每当他坚持留在自己身边，就被温暖环绕而没有一点抵抗力。

有一次，他为给她送一瓶药，竟在宿舍楼下等了一个小时。这让张华感动不已，她孤独的心就这样被他占据了。可没有想到，这场糊里糊涂的恋爱持续了4年，4年中的悲喜无法用语言来描述。

4年中，张华提出的分手次数自己都记不清了，她对生活充满希望和激情与他总是悲观和麻木的生活状态无法调和地矛盾着。在纠缠中，她软弱地悄悄哭泣，甚至曾经想过用自己的忍耐来将这段感情进行到底，毕竟女人需要一个男人真真实实地对她好。

其实，还是张华错了，当最后一次提出分手时，连他痛苦的样子在她心里都是麻木的表情，张华被来自内心的平静吓倒了，但她知道这场苦苦纠缠的恋情落幕了。

其实张华失落的不是爱，是*爱*的幻想。年少的时候，似乎很容易地爱上一个人，也曾经为失去他而撕心裂肺。而随着时光的流逝，伤痛也抚平了，才发现自己其实是傻傻地踩着爱情的影子，凭着感觉往前冲。而在这场傻傻的爱情中，女孩们会明白自己到底想要什么样的人，也更深刻地认识自己。

　　上大学时，朱丹认识了校外的纪松，当时，纪松已经和他的哥哥开了一家私人的汽车修理厂，生意干得不错，大她一岁的他因为进入社会较早，显得成熟而有魅力，朱丹在他面前娇小活泼，得到的温柔疼爱让朱丹为自己的恋爱陶醉了。

　　朱丹当然没有想到原来相爱不是只有"爱"这唯一的理由，仅仅诞生了3个月的爱情就被现实的无奈绊倒了，妈妈因为知道了纪松不是"城市"人而千般阻挠，朱丹被妈妈强烈的反对吓了一大跳。

　　但她却没被这个突如其来的"事件"吓倒，只是驻足停留在爱情面前想了想，便义无反顾地选择了将苦恋进行到底。

　　朱丹的这场不惜与所有家人为敌的苦恋这样开始了，而且一坚持就是3年。然而让她没想到的是纪松却在这场恋情中最先败下阵来，到最后他们以两人无法预测的未来做争吵的导火索，因为这个无法预测的未来在他的思想里从来没有一丝光明，而永无休止的争吵仿佛是为分手做准备。

　　有一次，因为朱丹一直陪妈妈在医院照顾病榻前的爷爷，而他也是忙个不停地赚钱，她们不知不觉中已有两个多月没有见面。

　　记得那天，朱丹刚走出医院就看到了他站在大门口的林荫道间，还是曾经的面庞，却再没有曾经的激情，他们对视了良久，慢慢走近时朱丹分明感受到自己的心仿佛渐渐走远。

　　朱丹觉得自己真的累了，冷静地选择了放弃这段无疾而终的苦恋！失恋的日子永远就像心上的疤生疼而不敢触及，那天分手后她拼命地让自己跑，不知道自己跑了有多远，只感觉回家后，她的两条腿酸痛地无力抬起。

　　后来，她把自己抛在床上，将音乐调到最大的音量，让满屋子的轰轰烈烈陪着她，但朱丹还是软弱地哭了，无声地呐喊着，她将自己在这段深深的苦恋中所有的不快乐和压力重重地喊着，也不知道自己哭了多久，喊了多久。

　　当第二天的阳光将朱丹照醒时，她觉得自己仍旧没有方向，自己被无情地俘虏了，虽然身体自由，但思想里只有他一个人。

　　每当朱丹走到曾经共同漫步的街头，又回到了无休止的折磨里，最终她选择远离的方式摆脱曾经的熟悉。

　　朱丹与张华一样，其实她失落也是爱的幻想。幻想的失落固然疼痛，人只能在失落的疼痛中明白自己的要和不要，在幻想的破碎中认识对方和自己。

　　初恋的爱是幻想，也可以说是爱的画像。每个人心里都有一个爱的画像，它或者来自父母的翻版，或者来自某人或某个偶像对我们的影响。

　　爱的画像在每个孩子5岁时就开始潜伏在每个人的心中，直到遇到了生活中的真人，一旦尝到了幻想和真人的冲突，进而感受到由冲突导致的失望。这就是恋爱。

　　实际上，爱和人一样，也要经历一个从小到大，从幼稚到成熟的过程。幼稚的爱是幻想，成熟的爱是理智；或者按照西方人的说法，恋爱凭感觉，结婚靠品质。由于年轻幼稚加上人格不成熟，没有人天生拥有成熟的爱，就像小孩子要在跌倒和爬起中成长一样，爱也要在幻想和失落中长大成熟。

这里介绍几种聪明女人应付失恋高招：

一是要学会给感情画句号。

聪明女人会对感情画句号。生命苦短，人生有限。我们应该把精力花在有用的地方。对一份有过的情感，只要已经过去，就要善于画句号。对自己说，到此结束。这种办法能让你及时走出痛苦，选择快乐。一旦你朝向了快乐会发现失恋不但没有让你绝望，相反新的选择正向你招手。

二是要让热闹感染自己。

人是能感染人也能被人感染的动物。失恋的痛苦让女人陷入了"冷冻"状态。不管旅游还是购物，最好能让自己处在人群中，人来人往的热闹能消解你的抑郁；车水马龙的繁华能化解你的孤独；待你感动于钟情的商品时，透支的悲伤不再了。常常处在人群中你会发现，平淡才是真的生活。

三是要学会专注于他物。

人之所以沉湎于悲伤，因为悲伤是一种极端化感情，所以为转移悲伤，我们需要找到另外的专注。一位中年男子因遭到丧妻的打击一蹶不振，终日沉浸在极度悲伤中。

一天，5岁的小女儿来到他跟前说："爸爸我想要一只小船。"为满足女儿的心愿，父亲开始叠小船。就这样，经过了5个小时的专注，当一只美丽的小船让女儿绽开笑脸时，做父亲的男人突然发现，他的生活没有绝望，虽然妻子不在了，还有女儿，他可以在女儿身上找到更坚实的生活理由。

这就是专注的力量。它不但能化解悲伤，还能带给你"柳暗花明又一村"的出路。为此每个失恋女人都应该学会自我专注，让一件有意义的事情占据你的心，待从中走出时，曾经的苦痛已经淡漠。

四是要在艺术中自我升华。

从长远看，自我升华不仅为化解悲伤，也为修炼品格，这时自觉地求助于音乐、阅读或者其他，不但能让你得到升华，也能给你新的平静。在痛苦中，你能够更深刻地理解艺术的真谛，产生艺术的共鸣。

五是要学会倾诉。

人需要倾诉，尤其在情感受伤后。虽然一般女孩都能找到倾诉的对象，比如母亲、姐妹或女友，但最受用的倾诉应该是自己。

这里，情感伤害比其他任何伤害都更需要自疗，只有自己从痛苦中站起来，才能把失败的经历变成有益的经验。下面介绍几种自我倾诉法：

首先让另一个"自己"做你的知己。女人习惯了依赖的生活，小时候依赖父母，长大后又依赖女友和男友，直到他们一个个离开以后你才发现，生活中真正靠得住的不是别人是自己，那个最疼自己，最懂自己的人也是自己。

过去你总想找别人倾诉和别人说话，殊不知，心里的自己才是自己最可倾诉的知己和朋友。

其次是写日记。写日记，把自己的心理世界及情感经历用文字表达出来，这样用文字梳理了自己的感情，使自己的情感得到了释放。

还有一个方法是让电话成为你想象中的知己。生活中不是每个女人都有知己，但几乎所有的女人都有一个想象的知己，在你深感寂寞的时候不如把自己交给想象的知己，这样你就可以尽情倾诉自己了。

没有谁一定要对另一个人负责

女人天生需要用爱情和男人来滋润生命。

一生拥有爱情的女人是幸福的女人，一生拥有事业却没有爱情的女人是遗憾的女人。

女人的生命因为爱情而灿烂美丽，女人的生命因为没有爱情而枯竭衰落。女人的宗教是爱情。

像其他的宗教一样，爱情也是既虔诚又危险的。它没有真正属于自己实在的精神和物质支撑，将所有的人生重量都托付于凌空蹈虚的爱情之中。

一旦宗教式的爱情被抽离，女人就会摔得很惨。女人大多会为爱情着迷，迷上了戒都戒不掉。

有人说，美国的女人一生都在恋爱，爱情让80岁的老妪依然容光焕发。哪个女人不是对爱情痴狂而沉醉的？当爱情像气息一样，从眼神、指尖、唇齿，再渐渐渗透到每一滴血液，乃至重新弥散在空气中的时候，谁说花开的时候没有声音。

女人只为爱情而生，也可以为爱情而死。"红杏出墙"讲的是一个女人为了爱情不顾一切的故事。唐朝才女步非烟嫁给了武将武公业，心思细腻、多愁善感的步非烟与丈夫无从交流格格不入。

有一天她遇见了赵象，一见钟情，心有灵犀，定了情分，幽情长达两年之久终于被武公业发现，面对丈夫的狂暴怒吼她只淡淡说了句：生既相爱，死亦何恨，终于被武夫丈夫活活打死。面对毒打如此淡定从容的女子，她为了什么，只为爱情。

爱情总是让女人柔肠寸断，死去活来，可没有一个女人愿意舍去自己的灵魂。因为她们觉得，没有经历过爱情的人生是不完整的人生，没有经历过痛苦的爱情是不深刻的。

才女张爱玲初识胡兰成，两人相知相爱，"见了他，她变得很低很低，低到尘埃里，但她心里是欢喜的，从尘埃里开出花来"，此后，张爱玲的创作进入了高峰期，而后来的分开，胡兰成的说法是："我与她亦不过像金童玉女，到底花开水流两无情"——男人对于爱情淡漠神情，薄情寡义，而张爱玲却"我虽不至于死去，然而却是枯萎了……"

记得第一次看到王菲和那英同台演唱"相约1998"时，就惊异于王菲那种清纯脱俗飘逸的气质，而这么多年来感情上的分分合合，王菲大约有着许多的怅然和领悟吧。

爱情至上的王菲说："我是一个重感情的人，总觉得爱情是一种宿命，一切都是命运的安排。当一个人恋爱的时候，就仿佛着了魔一样，你是不能逃避的，也不能很客观、清醒地站出来批评自己。"

　　"爱情对我来说是很辛苦的一件事，在人生的路上走了那么多年，一路摸索，几十年的生命让我明白了许多道理。假如你喜欢了一个人，就没有所谓的逻辑存在，感觉对就对，感情最理想的结果是长长久久。"

　　王菲与内地知名摇滚歌手窦唯的这段感情是为人所知的。初去香港的王菲事业发展不是很顺，这个时候窦唯出现了，一个写词一个作曲，收获爱情的同时，王菲也迎来了自己音乐上最出彩的时期。

　　之后，王菲淡出乐坛，甚至还被拍到为爱情牺牲，宁愿抛弃香港的物质生活，在四合院上公厕的经典画面。这段爱情在当时可谓是轰轰烈烈。

　　而1997年1月，王菲在北京协和医院产下童童。医院的病历卡上，窦唯和王菲的关系一栏，写着"朋友"。她的婚姻却比女儿来得晚一步。

　　1998年巡回演唱会，王菲演唱《日》时，窦唯在背后打鼓，让许多歌迷激动不已。但是，在王菲事业再次攀向高峰的同时，他们的婚姻也宣告结束。因为高原的介入，两人最终以离婚收场。

　　之后，王菲和比她小十一岁的谢霆锋公然牵手！这件情事在娱乐界被炒得沸沸扬扬，自然也引起了很多人的关注。

　　一路过来，"锋菲恋"被炒得越来越热，由暗到明，峰回路转，充满戏剧性，媒体记者们从跟踪调查到大肆宣传报道，王菲和谢霆锋也从一开始的遮遮掩掩到公开的如胶似漆，一直到最后分手收场，这段一开始就不被看好的姻缘，这段香港娱乐圈闹得最轰轰烈烈的"姐弟恋"，到后来还是不能逃离失败的命运。

2003年，刚从旧恋情中解脱的王菲与李亚鹏开始了最初的情感碰撞，共同的经历，让两人的感情不断升华。此后，两人感情传闻越传越凶，当王菲和李亚鹏被发现手挽手走出酒店后，"鹏菲恋"终于明朗。

2005年年初，就有两人即将结婚的消息传出。有媒体这样描述："曾经以冷酷著称的天后，一下子变得恍如一个初恋少女。"虽然从一开始，这是一段不被看好的恋情，虽然他们有了共同的家，有了一个爱情的结晶，但仍于2013年9月13日在乌鲁木齐离婚。

令人惊奇的是2014年9月，王菲与谢霆锋复合了。他们早在2003年6月曾经复合过一次，但于同年11月再度分手。

对于自己的感情经历，王菲曾经公开说过："我爱得不后悔。"
既可以大方地承认爱过，也可以坦诚地承认不再爱，干干净净，一如既往的洒脱。

至于别人怎么想，怎么看，她不在乎。离过两次婚又怎样，年近五十又怎样，她既有独立的经济能力，又有足够强大的内心，当一些好奇的媒体，多次追问时王菲与谢霆锋"旧情复燃"的原因时，王菲潇洒地甩出去一句话："关你什么事？"

女人不该是谁的附属品

人都是独立的个体，女人也不例外，我们应该为自己而活，尽自己该尽的责任和义务，留出空间做自己喜欢做的事。

女人不该是谁的附属品，要学会用交友、读书和娱乐来充实自己的内心。所以，就算没有爱情的滋润，仍然可以自在且舒适地活着。用一颗平和的心对待生活，用欣赏的目光看待自己，自信又独立的女人才能活得潇洒。

女人要学会独立，才有资格谈感情，如果你不能独立，就算有了感情也会半途夭折，因为男人永远不会把时间花在等待和改变一个女人身上。

如果没有独特吸引男人的地方，没有足够的把握，请不要恋爱，更不要结婚，否则只会自寻痛苦。虽然很多人认为女人是水做的，但我们不是弱者，要独立，要好好生活，不能被生活打败。

要想成为真正独立的女人，首先要做到经济独立。特别是未婚女人，在经济上一定要独立，如果做不到，也许你的男友一开始能忍受，但时间长了，再有耐性的男人也未必能体谅你。男人会在心理上产生一种优势，认为你这么一直依靠他，不可能离开他，慢慢地，他的态度也不会像当初那样好了。

对于已婚女人，虽然没有未婚女人那么大的危机感，但是最好自己有一份工作。不要长期靠丈夫来养家，男人们都希望自己的老婆进得厅堂下得厨房。女人有了独立的经济来源，一旦出现什么状况，也不会因为经济不能独立而手忙脚乱。

王雪结婚以后，安心地做起了全职太太，爱人去上班了，她就在家看电视、上网、出去逛街购物，有时约三五好友小聚一下。她很享受这样惬意的日子，不用朝九晚五地挤公车上班，睡觉睡到自然醒。

后来，她发现有些不对头了，有一次，她因为和朋友打麻将忘了回家做饭，爱人劈头盖脸地指责她一番："你不知道你是家庭主妇吗？我这么辛苦养家糊口，你倒好，连饭都不记得做。"

丈夫话语里流露出的埋怨和轻蔑让王雪难过，但是又没有反驳的理由。丈夫变得越来越不情愿给王雪花钱了，每次王雪买回来东西给丈夫看时，他都会说一句："买这个干吗？浪费钱。"

王雪生病的那次经历使她转变了看法，下决心不再依靠丈夫。她半夜发高烧，正巧丈夫出差去了，她身上没钱，去不成医院，只好求助于朋友。

这件事让王雪明白，女人无论什么时候都要自己掌握经济自主权，不然就不算是自由的人。王雪找了一份工作，虽然每月薪水只有两千多元钱，但是她感觉很踏实，毕竟那是通过自己的努力挣到的。

仅仅经济独立是不够的，女人在思想上也应该独立。

人们常说：有思想的人就会活得精彩。没有哪个男人愿意和个不懂事的小女孩一起生活，他要找的是能和他有良好沟通，并能帮他出主意的女人。女人在思想上要独具自己的个性，但要恰到好处，不可以太过张扬。

两个人的生活很精彩，一个人的生活也不能逊色，就算没人在身边陪伴，也不会觉得孤单。从女人的天性来说，比较突出的特点是被动、依赖和温柔，而且一旦遇到感情问题，女人往往很难自拔。有些女人离开男友或者丈夫就会变得无所适从，好像什么事都不会做了，其实这就是思想的不独立。自己的个性和主见哪里去了呢？学会独立处理问题，才是优秀的女人。

此外，在生活上一定要独立。社会很现实，也在进步，如果你一直停滞不前，相信没有人会可怜你。生活包括很多方面，举例子说，女人应该会做家务，不管在外面如何风光，回家扮演的角色就是妻子、母亲、女友、女儿等，做家务也是为了保障自己的基本生活，如果这点小事都做不好，其他的更不用说了。

女人时刻要注意自己的生活状态，抛弃一些不可取的生活习惯，勇敢向明天迈进。

孙丽不是名人，但她开发和推广的产品大家肯定都知道，那就是中国结。

上学期间，孙丽凭借对文学的爱好和文字天赋，在许多全国性报刊上发表了诗作，在校读书时已是学校里小有名气的诗人了。她同样是男孩瞩目的焦点，但她只喜欢一个和她同样热爱文学的男生，并成为他的女朋友，她喜欢他的个性和儒雅，两个人的感情美丽地绽放着。

校园生活结束后，为了挣钱，孙丽的男朋友去了南方打工，孙丽没有一道南下，而是留在读书的城市做了一名薪水仅够养活自己的文字编辑。

在此期间，她仍然写诗，守着文学这块她爱着的天空，同时也等待男朋友的归来。小时候，孙丽曾经跟奶奶学过用绳子编出各种图案，于是在给男朋友的信中，她都会用红绳子打一个同心结放进信封。但这份纯洁的感情没有保持下去，孙丽等到的是结婚请柬——男朋友已经和别人结婚了。

失恋的孙丽非常痛苦，但是她没有因为男朋友的背弃而颓废消沉，因为她还有梦想，她要为了梦想而活着。诗歌成了她情感的寄托，用笔来涂写人生，用笔做桨，划向她理想中的文字殿堂。

一次偶然的机会，孙丽认识了一个朋友，闲谈时，朋友说："搞文学的也要食人间烟火，离开物质基础，纯文学很难生存。"就是这句不经意的话，一下子点醒了孙丽，她不想让她挚爱的诗歌在商业中幻灭。

于是她把目光转向商界，在某个商品交易会上，孙丽发现中国的手工艺制品很受欢迎，但是没有具备特色的产品。经过苦苦思索和查阅书籍，孙丽联想到了奶奶教给她的编结的手法，有了初步创业的雏形，孙丽买了一大堆绳子，四处拜师学艺，她的手艺越来越娴熟，编织的图案也越来越丰富。

没有资金做宣传，孙丽就自己推广，她印了一些最便宜的宣传单亲自散发，只在一个地区散发，收效甚微，孙丽又订了目标：把宣传单散发到全国。

吃了数不清的苦头，孙丽终于让更多人认识了"中国结"，精美多彩的图案让人们赞叹不已，购买的人络绎不绝。孙丽并没有就此止步，而是在中国结的基础上又开发了具备现代时尚气息的系列饰品。如今，她的中国结火遍中国，畅销海外，她终于成就了一番大事业。

孙丽的故事说明一个人的明天由自己把握，为了自己的梦想不断前行，才有可能成功。独立自主的女性是最值得人尊重的，也是最可爱的。

好日子坏日子都是自己选的

《情人》的作者杜拉斯早就说过："他发现她爱的只是爱情"，言外之意，爱的不是他那个人。

爱上爱情对女人来说是件很危险的事。对女人来说，很少有人可以抗拒男人以各种方式展开的猛烈追求，尤其是鲜花和巧克力，好听的话，疯狂的举动——都会让女人放下一开始的矜持迅速地落入爱情的"圈套"。

后来呢？有一小部分女人很幸运，她的男人可以将对她的热情维持一生，把她的好维持一生；大部分女人不那么幸运，她们常常这样的抱怨：

"他对我不像从前那么好了，他不爱我了吗？"

"他追我的时候对我有多好，哪像现在？"

"他现在怎么成了这样的一个人？"

可是，女人们，那个时候，我们爱上的很可能是鲜花，是浪漫的烛光，是温馨的晚餐，是他的甜言蜜语，是他变换花样的意外，是那个虚无的五光十色的"爱情"；而要天长地久，还需要你爱上他的种种缺点，爱上生活的琐事，爱上他的爸爸妈妈，爱上两人每天周而复始的平凡生活。

爱情本身，是有巨大的诱惑性的，因为它的不可预知性和其中的巨大能量，不管是创造性还是破坏性。所以，每个女人都很容易被爱情打败。

提醒女人们，仅仅爱上爱情，是不能够清晰地判断一个男人的。爱情不只是浪漫的约会与惊喜的礼物，真正的爱情是需要融入生活，两人相互磨合与容忍的。

婚姻对于我们来说，就像是一双新鞋子。当我们把爱情的这双脚放进去时，第一个感觉是兴奋——你瞧，多么漂亮的一双鞋子啊！可不久后，这双婚姻的鞋就开始磨脚了，疼得我们龇牙咧嘴，步履蹒跚。

一些人的办法是不再穿这双鞋，把它扔掉另买一双，可问题是，新鞋总会磨脚，只在程度深浅而已，而我们并没有办法预先得知，哪双鞋稍微磨磨就好了，哪双鞋又会磨得我们满脚血泡。因此，我们只能选择先磨了再说。

都知道会疼，可是疼我们也要先忍忍。不忍，你怎么知道这双婚姻的鞋是一双皮质优良、透气性强、走路轻便的好鞋，还是皮质粗糙、捂得你一脚汗，磨得你没法走路的破鞋呢？

男人和女人一旦步入婚姻的殿堂，不仅仅是一个身份上的转变，更需要在心理上有一个转变。以前你是光脚不怕穿鞋的，没有心理负担，也没有责任感，想的都是美好甜蜜的事情。

在你的眼里，他是优秀的，即使有缺点你也视而不见，他呢？当然也很注意只把好的一面展现在你的面前。

可是一结了婚，你们都会有一种爱情的长跑已经结束的"虚脱"。你喘着气停下来，仔细地打量他，发现了很多你原来没有看到的东西。

比如说，他爱喝酒，原来你觉得这不算什么，而现在呢？他居然喝得酩酊大醉，回来吐了你一身。

你命令他戒了，他说"是是是"，可是很快你就发现，狗改不了吃屎，他改不了喝酒。你愤怒地命令他写下保证书，保证以后不再喝酒，否则就要跟他——离婚！

比如说，他上班很忙，老是加班，一回家晚就想和他吵架，其实男人心里也苦呀，拼命加班却换来老婆的不高兴。比如说，他睡觉喜欢打呼噜，常常让你睡不好，你烦透了总是把他叫醒训斥一番。

是啊，男人也不容易。他们在女人的面前笑逐颜开，可是在外面，他们又承受了多少的辛酸。一点点个人的生活习惯和小毛病，女人还是要学会包容。否则你要付出的情感代价，也就太大了。

　　乡村有一对清贫老夫妇。有一天，他们把家中唯一值钱的马拉到市场去想换点更有用的东西。

　　老头牵着马去市场，先换得一头母牛，又用母牛换了一只羊，再用羊换来一只肥鹅，又把肥鹅换了母鸡，然后用母鸡换了别人的一大袋烂苹果。

　　因为，在每次交换中，他都想给老伴一个惊喜。当他扛着大袋子来到一家小酒店休息时，遇上两个英国人，闲聊中他谈了自己赶集的经过，两个英国人听得哈哈大笑，说他回去准得挨老婆一顿揍，老头子称绝对不会，英国人就用一袋金子打赌。于是三人一起回到老头子家中。

老太婆见老头子回来，非常高兴，听老头讲赶集的经过。老头毫不隐瞒，把全过程一一道来。每听老头子讲到用一种东西换另一种东西。她都十分激动地予以肯定："哦，我们有牛奶！"

"羊奶也同样好喝。"

"哦，鹅毛多漂亮！"

"哦，我们有鸡蛋吃了！"诸如此类，最后听到老头子背回一袋已开始腐烂的苹果时，她同样不愠不火，大声说："我们今天就可以吃到苹果馅饼了！"

其结果不用说，英国人为此输掉了一袋金币。

很简单的故事，就告诉我们：婚姻需要容忍，容忍是金。

你和他需要在婚姻中慢慢磨合，这种磨合是作用于双方的。可是很多女人却常常自封为"家庭改造委员会"的主任。她们在婚后，用放大镜看到了男人身上种种不合己意的地方，于是想通过改造，让他与自己的要求完全相吻合。

她们对他们的生活方式指手画脚，对他们的工作评头论足。当然，她们是以"爱"的名义——如果我不爱你，才懒得理你呢！可是，男人却厌烦这种爱，抗拒这种爱。他们会觉得，你是轻视他、挑剔他才提出这样那样的批评。你让他常常有"凭什么你都是对的，我就是错的"的想法。

选择多边磨合主义的婚姻，往往能够和谐、舒适、幸福，选择单边改造主义的婚姻，就如同美国想要强制改造伊拉克一样，让自己身陷泥沼而不能自拔。

没有人否认，婚姻就像一座围城，里面的人想出去，外面的人想进来；也无可否认，世界上大约只有50%的人能够最终白头偕老，而在这50%的比例中，还至少有一半的夫妻过着貌合神离的生活。

可是，我们不能就此对婚姻心生恐惧。其实只要能够尊重彼此的差异，接纳对方的一切特点，我们不但能够和自己的爱人相伴一生，和其他的家庭成员也一样能够和谐相处。

婚姻不是爱情的坟墓，和自己的爱人一起慢慢变老，是人生中最大的幸福。

依赖男人能够换来幸福吗

中国自古就有句俗话叫："男主外女主内。"男人们认为女人就应该在家里相夫教子，料理家务，照顾公婆，而日渐独立的女人们则认为自己应该有更广阔的世界，一尺灶台又怎么能发挥出自己的才华呢！

家庭和事业往往成为生活中无法调和的矛盾，有些女人婚前有事业，婚后就把事业放到一边，一切都以家庭为重。而有些女人婚前是个工作狂，婚后更是事业上的女强人，家庭似乎总被她忽略在身后。

要事业还是要家庭？事业和家庭哪一个对女人来说更重要？这些问题困扰着无数的女人。其实，事业和家庭就像女人的左手和右手那样缺一不可，同等重要，它们在生活中发挥着各自的作用，从不同的层面打造着一个有魅力的女人。

家庭是一个女人幸福的港湾，有了温馨的家庭做后盾，女人才可以无后顾之忧的在人生之路上行走，而事业是一个女人展示自我价值的舞台，女人需要成就感，需要他人的肯定和评价，需要获得社会的承认，而事业上的成就可以让她们获得这些。

王清在一家规模不大的公司上班，收入水平一般，由于家庭稳定，已经35岁的她感到很满足。

王清对自己的朋友说："我觉得一个成功的女人并不单单指她的事业有多成功，事业不是女人成不成功的最佳标准。假如一个女人她的家庭不幸福，那么你也不能说她是成功的。"

原来，几年前，王清因为原来单位效益不好，辞职到外边找了一份推销员的工作，这份工作让她很充实，收入也不错。但因为工作性质的原因，每次回家都没有固定时间。

结果，当孩子和丈夫都满身疲惫地回到家时，他们一家才开始做饭，往往到了晚上十一二点才忙完。时间一久，自然就产生了矛盾。

孩子和丈夫的抱怨也让王清很难过，她两头都要忙，可两头都忙不好，最后一思量，就把推销员的工作辞了，又回到原来的单位上班，虽说薪水不高，但是时间固定，也不那么累，还可以用更多的时间一心一意地照顾丈夫和孩子。

现在王清先生事业上取得了很大成就，还常在外人面前称赞她，说要没有王清这个好妻子，他不可能搞好事业，而他们的孩子学习成绩也很优秀。王清自己还利用业余时间不断学习，她说要为自己以后实现理想做准备。

一个女人问过很多男性这样一个问题："一个家庭对你来说代表什么？"

这些男性朋友的答案几乎是相同的，那就是："当我非常累，回到家的时候，看到桌子上已经摆好了香喷喷、热腾腾的饭菜，有温暖的感觉，有妻子的关心，能够让我很快忘掉所有的烦恼和忧愁，尽量放松自己；而当我在外努力打拼奋斗时，家里的妻子替我孝敬父母，辅导孩子的学习，教育孩子良好成长，在我遇到挫折和困境时，我的妻子又能成为我的好参谋、好助手。"

一个家庭的幸福很大程度取决于女人，所以在家庭和事业两方面，女人有时势必要权衡一下利弊。有些女人适合做一个洗衣做饭的贤妻良母，有些女人适合拥有自己事业，当一个女人的家庭和事业获得双赢时，她无疑是这个世上最幸福的女人。

林蓉是一家外资企业的部门经理，是一个女强人。虽然已经35岁了，但她依然对自己的工作充满热情，办事也非常有魄力。

有一次，她和几个好朋友在一起聚会吃饭，一晚上她给自己的爱人打了很多次电话，总是一脸的幸福和甜蜜。

林蓉的爱人比她大5岁，虽然她在事业上取得很大的成就，但在家中她是那个很受老公宠爱的妻子。朋友们都打趣她说："你都这么强了，还一刻都离不开你老公。"

这时，林蓉总是一脸认真地说："男人的自尊心需要女人去维护。"

原来，林蓉的收入比在政府部门工作的爱人高出很多，一开始爱人在心理上感到有些压力，爱人对朋友说过："我老婆的工资比我高出六七倍，没有一点儿压力根本是不可能的，我又比她大，总觉得无形中被比了下去。我也希望能挣大钱，但尝试了几次都失败了，说实话在挣钱方面，我还真的不如她。"

有时候，林蓉看到那些事业成功的男人，也会对自己的爱人唠叨，结果不但没有激起爱人心中经商赚钱的宏图大志，反而搞得不欢而散，两人心情都很郁闷，甚至一度婚姻关系紧张。

而最终林蓉明白，一个女人无论事业上取得多大成功，如果她的家庭出现了问题，那么她就是一个失败的女人，她知道自己在赚钱方面的能力，所以趁自己还没有孩子之前，她要拼命赚钱，但是不能因为钱而丢了爱情和婚姻，否则得不偿失。

高尔基在《阿尔塔莫诺夫家的事业》中写道："事业应该笑着乐着办起来。事业可不喜欢沉闷。"

没错，一个女人在自己所从事的事业中寻找成就感和认同感，应该存着一份快乐的心，而幸福的家庭是一个女人获得力量和成功的来源，就如阿瑟·米说的那样："你要尽其所能把你的家庭造成一个生活中心，在这里面，一切良好的事物会被抚育培养起来；在这里面，你的忠诚、热望、同情，以及整个你生命中高贵的东西，会被发扬光大起来。"

一个聪明、有智慧的女人一定爱着她的事业，更爱着她的家庭。

你能伤害的，永远是最爱你的人

托尔斯泰有句名言：幸福的家庭都是相似的，不幸的家庭各有各的不幸。要创造良好的家庭氛围，首先必须加强夫妻双方的共同心理修养，做到互敬、互爱、互勉、互让、互谅。否则，你能伤害的，永远是你最爱的人。

夫妻之间要经常进行情感沟通，彼此相敬如宾、恩恩爱爱、相依为伴，使家庭成为生活中平静的港湾，在家里能得到鼓励，得到关心，得到欢乐，让家庭生活充满生气，充满绚丽的色彩。

一对年轻夫妻中的太太哭着跟朋友说："你快来，我恨他，我要和他离婚！"当她的朋友快速赶到他们家时，他们吵得正厉害。

丈夫说："她很无聊，我上班好累，她说晚上要去散步，我说改天，她就又哭又闹，真是讨厌！"

妻子说："你才讨厌，我在家做牛做马，为这个家洗洗涮涮，为你做饭，为你生孩子，我只要求散个步，你就会累死啦？"

妻子不满，继续说道："哼！早知道生了小孩你不管，我根本就不会生，我们女人为何辛苦生下孩子，就一定要负责孩子的一切，又不能出去工作。"大夫说："喂！生孩子又不是你一个人能办到，没有我你生什么。"妻子说："哼！你有何贡献？"

丈夫说："哼！没有我的贡献，你生什么？"

妻子说："哈哈！你贡献了，那看看我们女人的贡献：我怀孕要忍耐呕吐，我要小心饮食，我连生病都不敢吃药，我要为肚里孩子注意一切，我怀孕行动不便，我不再能远行郊游，我要穿上大肚装，我要担心肚里孩子是否健康，我要定时去医院检查，我怀孕要破坏身材，我要烦恼妊娠纹的出现，生产后要努力恢复身材使丈夫不嫌弃，我要忍受疼痛……"

他沉默了。这场架吵完了，想一想，好像事实真是如此。他什么都没说，只是将妻子抱了抱，对她说："对不起，我没有考虑到你的感受，我会加倍爱你。"

他是个大度的男人，听了妻子的话，他发现自己的妻子真的很辛苦。而他以前忽略了这一点，所以，当妻子对他发出一连串的"攻击"以后，他没有较真儿，而是选择了沉默和一个歉意的拥抱。

婚姻的日子要想长久，有时候需要睁一只眼闭一只眼。彼此心知肚明就好，往后的日子还很长，如果单纯为了洗刷清白而过于较真，反而会失去得更多。

婚姻不同于小孩子玩过家家，说散就散。它是男女双方爱情的见证，是情感的升华。因此，对于来之不易的婚姻，我们千万不可太过较真，否则，感情就会产生细小裂缝，日久天长，蚁穴溃堤，最终将难以修补。

聪明的人懂得如何用智慧去调整每一次二人关系的微妙变化，故而能够安然度过或大或小的婚姻危机。无论男人或女人，切忌在这一关键时刻放纵自己的情绪而把事情弄得更糟。

一对夫妻在日常生活中，能给对方带来最大伤害的话是："跟你在一起真亏，你根本配不上我。"在这样的话说出口时，我们是否想过，既然他配不上我们，我们又为何与他结婚？

记住，在婚姻中，两人是休戚与共的，如果你不幸福，对方同样不会幸福。而我们能给予对方的最美好的礼物，就是自己的幸福。英文里有句俗语：大凡是锅，早晚会有一个盖子相配。夫妻之间就是盖子与锅的关系。

一群女人围坐聊天时，有些人会平和地说话，有些人则一定要摆出一副强势的作风，总是把自己放在中心。比如，在家谁抓住了财政大权、在家谁怕谁、重大事情做决定时谁能拍板等。

通过仔细观察这些细小的动作与气派，我们可以大约地猜出其生活背后的隐情所在，包括她为何找不到对象、她为何离婚、婚姻中她为何要埋怨不休，等等。

幸福的婚姻绝非将军与士兵的搭配，而是将军与士兵角色不断变换中的搭配。瑜伽训练的基础是：收放自如、阴阳结合、保持平衡、游刃有余……中国传统中的中庸之道，正是幸福婚姻必备的基础。包容与妥协并非天生就能做到的，但却是在婚姻路上牵手一生必须学会的内容。

有一位女人刚结婚时男方家庭条件非常艰苦，但好在女方父母条件还可以，在女人嫁过来时给女人陪了不少嫁妆，所以生活过得也还算可以。但是，女人也因此从一开始就在男人面前有一种优越感，平时说话做事都是泼辣的性格，在家里绝对是说一不二。

男人很少做主，每次做重大决定都是听女人的，否则女人就会指责，甚至是谩骂他。在这个家里，女人的表现一直都非常强势。

这位女人非常勤劳能干，拿着"压箱底"的本钱，开了一个水饺摊、起早贪黑，养家糊口。由于她泼辣能干，短短几年就将生意迅速扩大，开起了几家颇具规模的饭店。后来，她不顾男人的反对，把摊子继续越铺越大，产业延伸到宾馆、电子、汽车销售等行业。

随着挣的钱越来越多，越来越成功，她感到无比地骄傲与自豪。在公司她是说一不二的老总，回到家他同样把自己的男人当作员工一样使唤、训斥。

男人的自尊心受到了极大的伤害，虽然偶尔也会做出言语上的反抗，但在表面上还是强忍着这一切的"凌辱"。而她对这些却浑然不知。

人的欲望是不断扩张的。女人看到前几年许多投资房地产的人大多都挣到了很多钱，于是也决定把全部的资产抵押给银行，贷更多的钱来投资做房地产，男人极力地反对，因为这事他们闹翻了，开始了分居生活。

但是，她坚信这么多年自己的投资都是成功的，这次肯定也不会出错，所以这一次还得她说了算！她完全没有考虑男人的反对，如前面的每一次投资一样，这次还是她独裁决策。

没想到，这次她失算了。由于政策的调控加之市场需求的饱和，她投资房地产可谓是"生不逢时"，房价急速下滑，最后她破产了，而这时，男人向女人毅然提出了离婚。

女人非常伤心，最终也没有想明白男人为什么会这样做。也许男人是因为她没钱了，也许男人是实在承受不了她的霸道和长期以来的"凌辱"才这样做的，但这一切都已经不重要了。

一位事业有成的女强人曾这样对身边的人说："你知晓吗，婚姻中的顺服很重要。"这样的话出自强势的她的口中，令身旁的人非常震惊。她解释道，顺服的理念并非源自中国传统的三纲五常，而是更超然的包容妥协。改变自己，完善自己，其实比期待对方的改变更加重要。

这是一种重要的包容和妥协的形式，因为它是阳光的，主动的、积极的，无论事业、婚姻，还是平日的交往，明白何时包容和如何妥协的人，往往是充满自信、品格健全、善解人意的强者。

其实夫妻之间，没必要讲什么输赢，都是一家人，吃的是一锅饭，睡的是一张床，有什么必要非要争个你死我活？彼此谦让一点，包容一点，没有过不去的桥，更没有走不通的路。

好婚姻就如同一种奢侈品

一次，杨澜面对媒体的采访，提到丈夫吴征时说："我想给大家一句话，优秀的女人是没有好下场的，除非你找到一个好老公。"

杨澜说这句话是她自己切身感受的体会，暗示着一个好男人对女人的重要性。她认为，好的婚姻就像是一种奢侈品。

从世俗的眼光来看，出类拔萃的优秀女人，总会被社会强行扣上"女强人"的帽子，往往还会被一部分男人或是惧怕或是厌恶。似乎女人过于强势会让男人招架不住，他们觉得这样的女人很恐怖，想起了吴仪说过的一句话"高处不胜寒"。如此优秀的女人，如今依然独身，其间的哀伤与感慨又有谁知？

女人自己干得好，内心踏实，花钱有底气，做人做事更让人尊敬，遗憾的是她们却无法得到爱情，或者无法得到幸福。好多女人为了事业或者更多的认知与自持，青春中最美的时光已经被拖的面目全非，即使再好的保养品，也无法抚平她们内心的哀愁。

于是有无数位的男人都喜欢高呼"女人无才便是德"，女人就该安分守己，到了一定年龄就得出嫁。

遗憾的是，到了当今社会女人没有本事，无法自食其力，靠男人养活靠得住吗？或者说女人找个大款有钱了，就嫁给幸福了吗？即使她们在某个时候满足了自己的虚荣与奢华，然而人生的波折与不如意岂非如女人出嫁这么简单。

这世界上的爱情往往在物质与诱惑面前就显得贫瘠而卑微，就显得非常力不从心，所以当代女人也很迷茫，她们也不清楚是干得好幸福，还是嫁得好幸福？

其实世上哪有那么多十全十美的男人女人，还不都是他们自身努力经营奋斗的结果。生命太长也太短，对于女人来说一步与一生的距离看似遥遥相望，却又相去甚远。婚姻只是生命中的很重要的一步，不是生命中的全部。

在更多的时候，一个女人的婚姻就像棋局，开始是盘好棋，谁又可以保证自己以后的未来能否在婚姻的博弈中走的安稳与踏实呢。

所以，女人嫁得好才幸福，不是说女人就应该嫁一个一劳永逸的男人，而在于你从千万人当中遇见一位好男人，你自然就会幸福。那么，什么是好男人呢？

嫁得好不好的标准应该是和金钱没直接关系，和事业的成功也没有关系，直接的关系应该是婚姻质量。女人觉得幸福不幸福，快乐不快乐，满意不满意，这是重要的。

老公有钱又有地位当然是嫁得好，可是这样的幸运女人又有多少呢？老公没钱但你们同心协力比翼齐飞开心无比同样是嫁得好；老公纵然身家一个亿，可成天折磨你，怎么能够算是嫁得好呢？

同样，经济没压力但老公花心，三天两头惹一身腥回来，这也不能说是嫁得好啊？

女人的一生是忙碌的，从结婚开始，三分之一属于工作，三分之一属于老公，三分之一属于孩子，这样说来，女人三分之二的世界都是属于家的，家庭生活对于女人来说尤为重要。

甚至有人说，女人的幸福感主要来自家庭，嫁得好怎么能不重要呢？事业的成功毕竟只是一小部分，家庭的和谐才是最主要的。嫁了一个不能给你快乐的人，天天跟你吵闹，终日郁郁寡欢，容颜也容易老去，这样人生还有什么意思？哪怕你的事业再成功，你的人生也还是失败的。而对于嫁得好干得不怎么好的女人来说，没有人会说她们失败。

我们熟悉的凤凰卫视的主持人吴小莉是一个很有智慧的女人。小莉在该做事的时候做事，该成名的时候成名，该结婚的时候结婚，该生子的时候生子……无论是事业还是家庭，都被她经营得有声有色。一个女人一生该经历的历程她一个都没耽误，虽然是名人，她却还像普通人一样生活，她干得好是我们有目共睹的，可谁能说她嫁得不好？

凤凰卫视美女主持许戈辉的观点是：既要干得好也要嫁得好。"我这个'嫁得好'不是说要嫁一个从此（你）就不用干了的人，而是说你在灵魂上有了个可以共鸣的同伴，这个是非常重要的。对很多女人来说，工作是愉快的，嫁得好可以更开心更投入地工作。但如果你嫁得不好，整天吵架，哪还有心思去工作？"

曾经有媒体问许戈辉："你到底看重你先生的哪方面，是财产、学历、为人，还是其他什么？"她回答："他的一切我都看重。他现在有多少财产不那么重要，重要的是他是否具备创造财富的心智与能力；他以前的学历固然重要，但更重要的是他是否能在日后不断学习不断进取；他对我好当然重要，但同时他也应该对我们双方的父母好，对身边的朋友都好。"

这是许戈辉对于婚姻的看法。2005 年 1 月 28 日，许戈辉和丁健结婚。丁健为什么能吸引许戈辉？

许戈辉说："我在工作生活中能接触到不少优秀的人，但我明白，你要找的是合适的人，而不是完美的人。"

在外人看来，丁健长相一般，还有妻室，这场婚姻饱受争议。然而，许戈辉自己却很知足，很幸福。

林和勇是大学的同班同学，大学毕业后就结婚了。他们都在一所学校工作，过着平淡而简单的生活。两个人兢兢业业地工作，相亲相爱地生活，10余载过去了，和和美美一家三口，那么林同样应该算作是嫁得好的楷模。

女人嫁得好才幸福，不是要灌输"女怕嫁错郎"的传统的观点。在当今社会，女人要自强自立，追求更加独立的人格和尊严，在享受婚姻家庭欢乐的同时，得到人生的幸福与满足。

第四章
你的眼泪没人在乎

　　女人的一大特点就是爱流眼泪：受苦了流泪，受罪了流泪；伤心了流泪；受委屈了也流泪；在职场流泪，在家里也流泪……然而，她们并不知道，在这个残酷的竞争年代，没人在乎你的眼泪。

　　女人只有锻造坚强的意志，修炼无敌的本领，使自己既上得了厅堂，又下得了厨房，才能在这个世道闯出一片属于你自己的天地，过上心仪的幸福生活。

上帝不会对某一人不公平

在我们女性成长的道路上，会遇到很多的困难，但是无论面对怎样的逆境、多大的苦难，我们都不能放弃自己的信念和对生活的热情，我们只有经受住种种考验，才能获得坚强的性格。事实上，但凡具有坚强性格的女人都经受了苦难的塑造，凤凰涅槃才能得以永生。

要知道，世界上的事情没有什么是可悲的，上帝也没有对谁不公平，即使生活中出现一些打击，我们女性也应该把这些事情当作是一种磨炼，只有这样，才不会为了某件事情而沉沦。

因此，在生活中，当我们女性觉得很失落的时候，可以多往好的方面想，在战胜苦难的过程中，我们才会有所收获。我们女性应该相信，只要选择了坚强，就不会被生活中的苦难所击倒。就像我们下面要讲到的这个男孩子一样。

有一个男孩子，家里世代都是农民，父母也没什么文化，过着面朝黄土背朝天的日子。这个男孩从小就很懂事，6岁时就已经能自己去村里的菜园买菜，还能帮妈妈编织挣钱。因为他的母亲有先天性心脏病，不能干重活，他就尽力为父母分担一些家里的负担。在艰苦的生活中，他养成了勤劳简朴和坚强独立的好习惯。

他学习很刻苦，成绩自小就很突出。尤其是小学四年级，他考了全镇第一名，还获得了市里的"希望之星"称号。父母很高兴，这是他第一次看到父母那么快乐。当时他就下定决心要好好学习，让父母的脸上有更多的笑容。

但是，在他上初中的时候，母亲的心脏病又一次发作了，而且病情十分严重，这对这个本来就不宽裕的家境来说，真是雪上加霜。尽管日子如此艰难，但为了让他安心读书，父母仍尽了最大的努力。在苦难面前，他没有低头，而是更加刻苦地学习，也更加严格地要求自己。后来，他终于考上了理想的高中，和家人一起坚持渡过了难关。

由于学习成绩优秀，在上高中后，他连续两年获得校综合奖学金和"校三好学生"称号。这一切的收获都同他在苦难面前没有低头、选择坚强面对有很重要的关系。

后来有人采访他，他说："我感谢国家、社会、学校、村里的乡亲，还有我的父母，感谢所有关心和爱护我的人。我会更加努力使自己成才，早一天回报社会，帮助那些需要帮助的人。即使遇到更大的苦难和挫折，我也要坚强面对，同苦难做斗争，渡过重重难关。"

是啊，坚强的人在苦难面前是不会退缩的。

一般来说，大多在幼年常遇苦难阻碍的女性，日后往往有发展，而从没有遇过苦难挫折的女性，反而比较脆弱。因为，艰难困苦的环境能磨炼我们女性的意志，她们必须为了生存而克服各种困难，奋斗不止，为了取得成功，必须经受住失败的考验，因此，我们女性唯有选择坚强，忍受他人难以忍受的苦难，才能更好地解决问题，获得成功。

在茫茫无垠的沙漠里，骆驼像个哲学家一样，一边踱着步子，一边沉思着。在沙漠里，没有水，没有草，有时候还会风沙漫天，难辨方向。坚忍不拔的骆驼却总是能向前行走。

有一天，骆驼在沙漠里发现了一株仙人掌，惊异地停步问道："小家伙啊，你是怎么在这么恶劣的沙漠中生存的呢？"

仙人掌笑着反问说："嘻！大块头啊，那么你又是怎么在这沙漠中行走的呢？"

骆驼回答道："我啊，因为我能吃苦耐劳，经过长期的磨炼，形成了适应沙漠生活的特殊习性和身体机能，所以我能在沙漠里行走。你又是怎么做到的呢？"

仙人掌说："我同你一样，都是因为长期的锻炼，养成了抗旱耐渴的习性，拥有了适应沙漠生活的特殊机能，所以能适应沙漠中的生活。"

骆驼又发问道："你为什么身上长了这么多的刺？"

仙人掌笑着回答说："就是因为我满身生刺，才不会被动物吃掉。刺是我的叶子，这样的叶子不会使身体里储藏的水被蒸发掉，我不怕干旱，所以能够在沙漠里生存下来。"

骆驼听后认真地点了点头，带着敬意告别了仙人掌，向前走去，伴着沉思："不错，凡是能够在艰苦环境中生存下来的，都经过了无数次的磨炼，具有了百折不挠、战胜一切的意志和坚忍不拔的品质。"

那么，在日常生活中，当我们女性遇到苦难时，我们应怎么办呢？这个小故事中的骆驼和仙人掌都是我们的好老师。它们指导我们，在遇到苦难时，我们应选择坚强，勇敢地战胜困难，并且要适应不良的环境，最终才会渡过难关。

大自然里，这样的例子还有很多，如嫩绿的小草为了呼吸到地面的空气，能够用尽全力从石头缝中生长起来；又如河里的鱼儿为了寻找食物，常常逆着水流往上游。

自然科学家达尔文曾说过这样一句话："适者生存。"它的意思是生物必须学会适应糟糕的环境才能生存下来。对于我们来说，只有在苦难面前坚强起来，永不退缩，克服困难，才能使自己不断进步，才能有更好的发展。

我们女性要怎么做，才能在苦难面前使自己变得坚强呢？我们女性可以从以下几个方面入手，进行自我培养。

第一，找出自己的不足。明确了自己的不足之处，就可以针对具体的问题进行自我修炼。

第二，培养丰富的情感。丰富的情感可以成为我们行为的支撑，因为丰富的情感使我们懂得爱生活，爱我们周围的人，为人处世，我们便多了一些热情，多了一些责任感，也就有了人们所说的"良心"。从而我们也会有勇气、有毅力克服困难，把事情做好。

第三，从小事做起。坚强的性格最终要在实践锻炼中才能获得，我们要让自己投身到各种实践中去，从小事着手培养自己坚强的性格。

在我们身边有些女性既希望自己具有坚强的性格，又害怕平时遇到困难，事事讲舒服、图安逸，即使是去野外游玩，也吃不得半点苦。这样，坚强的性格将永远停留在遥远的彼岸，属于别人而不属于自己。

因此，我们女性要学会把眼前的困难当成锻炼自己的机会，用微笑来对待困难，在日常与困难的斗争中使自己坚强起来，要逐步养成自我检查、自我监督、自制的习惯。当自己犹豫时，使自己果断一些；当自己畏惧时，让自己"大胆些""不要怕""不要丧失信心""再坚持一下"。久而久之，我们女性就可以逐渐战胜自己的软弱，使自己的意志力达到新的高度。

生命会因挫折而精彩

人生没有完全的顺境，女人更是如此。在岁月的长河中，女人需要遭受很多磨难。女人在社会上有时是处于弱者的地位的，因此她们的困难很多是源于社会本身的问题。尽管每个女人的人生都不一定顺利，但是智慧的女人能够让困境增加自己的内涵，使自己更富有魅力。正如一块璞玉一样，经过打磨后更加光彩夺目。

有一位作家在一次采访中说："我在年轻的时候很不懂事，虽然有很多男孩子追，但是却不珍惜。经过岁月的沉淀，我经过了一些事情，渐渐心智成熟，也明白了很多道理。困境让我脸上的鱼尾纹更明显了，但是却增加了我的魅力。我的先生就是在我36岁时与我结婚的。他说如果他遇见的是年轻时候的我，一定不会选择我。因此我知道生活中的挫折是能够为女人带来美丽的。"

有很多30岁或是40岁的美丽女人，她们比20岁的女孩有更多的皱纹，更臃肿的身材，但是她们却比20岁的女孩更有魅力，因为她们经历过生活的沧桑，她们身体里有因沧桑而转化成的魅力。当你看到一个神色有些无奈却优雅坚强的女性时，一定会被她的美所吸引，因为她所经历的事使她的母性韵味更浓了，因此更容易吸引人、打动人。

于玲小时候生活在一个富裕的知识分子家庭里，他的爸爸是会计，妈妈在一所中学担任教师，优裕的生活让于玲过得很快乐，但是当到了谈婚论嫁的年龄，她却没能嫁给自己喜欢的人。

有很多人说她生活在富裕之家，不知穷人的疾苦，怕和她过不好日子。但这只是一个冠冕堂皇的借口，真实的原因则是于玲没有经历过困难，所以性格浮浅，没有吸引人的内在魅力。

碰巧的是，于玲的爸爸因为单位的财务出了问题，被抓到了派出所，妈妈情急之下也生了一场病，家里的积蓄很快花光了。

面对这突如其来的打击，于玲感到不知所措，原本安逸幸福的生活没有了，每天她要去张罗着给父亲打官司，还要注意他们单位的状况，因为这个问题与她父亲无关，是领导出了问题，她父亲只是一只可怜的替罪羊。

她要为父亲平反。她的母亲还需要她照顾，有时医药费不够了，她还要厚着脸皮到亲戚家去借。暗地里于玲没少抹眼泪，但是眼下的局势只有靠她去撑着了。

经过两年的时间，她父亲的案子终于水落石出，应该承担责任的领导被逮捕了，而父亲则平安回到了家里。因为父亲平安回来，母亲的病也好得更快了，没过几个月就完全康复了。

当老两口再看着自己的女儿时，不禁多了几分心疼，曾经连碗都没有洗过的女儿，现在居然能够里里外外地张罗了。母亲细心地发现女儿油黑的头发变得黯淡了，里面还夹着几丝白发。从前女儿总是快快乐乐的，但是现在明显有些沧桑的神情。老两口有些不忍，但是于玲却没有怨言。

不久后于玲有了一个更大的收获，一位经营百货公司的老板被她的经历所吸引，主动追求她。以前于玲的男朋友都是一些喜欢玩乐的小伙子，从来没有社会上成熟而成功的男士对她示好。于玲感到很意外，难道自己变美了不成？其实她没有意识到，那些挫折已经使她增加了很多魅力。

相处一段时间后，于玲和这位老板喜结良缘，她从来没有想到自己会有这么好的婚姻，正是挫折成就了她的魅力，成就了她的婚姻，使她走上了幸福美满的人生之路。

人们经常这样评价一个有魅力的女人："她是一个有故事的人。"一个人的脸上是可以看出故事来的，这些故事就来源于生活中的挫折。有人说挫折是上帝化了妆的祝福，一点也没错。

人只有经历挫折，灵魂才会成长，一个有灵魂的女人，一定是充满魅力的。有一位新浪网的女博友这样为自己的博客做注释："慢慢走，等等灵魂"。当看到这样的题目时，多数人的脑海里一定会浮现一位优雅而充满魅力的女人形象。

智慧的女人宁可走困境，也不愿多走顺境，因为困境对人生是更有意义的。在平坦的道路上很难留下脚印，但在崎岖泥泞的道路上很容易留下脚印。

　　沈竹小时候是个不漂亮的姑娘，经常受男孩的奚落和欺负。有时候一回到家里，妈妈发现她的眼里含满了泪水，就知道沈竹又在学校被男孩欺负了。

　　但是妈妈很聪明，并不去找那些男孩算账，而是鼓励沈竹："他们都是跟你闹着玩的，没关系，别往心里去。"听了母亲的劝导，沈竹的心情平复了。但是没过多久这种事情又发生了，这让沈竹感到很无奈。

　　等沈竹长大工作的时候，这样的事情就少了很多，但是男孩还是非常讨厌她，总是对别的女孩大献殷勤，对她则不理不睬。沈竹对这样的情况已经习惯了，并不感到难过。

　　然而也有一些善意的男孩对她很不错，不像其他人一样去奚落她，这让沈竹感到很安慰。

　　由于沈竹的条件实在太一般了，所以相亲成了她解决婚姻问题的主要方式。刚开始她还抱着一些希望，后来就变得麻木了，因为相亲的经历常常很伤人，有的人狂傲不羁，有的人自私势力，总是很少能遇到好相处的人。

　　但是幸运的是，沈竹最终还是找到了自己的如意伴侣，而且好得超乎她的想象。那个人是北大的哲学博士，也像沈竹一样有过无数次的相亲经历，但是在众多女孩中，他最中意的就是沈竹，见面后就主动要求留下电话号码，还热情地约好下次见面的时间，这让沈竹觉得很诧异，她想象这么优秀的男士一定会对她大失所望，永远不会再约她见面的，没想到却约了她。

　　经过一段时间的相处，彼此都感到很满意，于是两人喜结良缘。结婚后，有一次沈竹禁不住好奇地问她的丈夫，为什么当初会选择她。

丈夫回答说："我所见过的漂亮女孩都非常骄傲，她们认定了自己非常优秀，并且有点刁蛮。而你则不同，你总是有些自卑，好像处处不如人的样子，其实这样的谦虚态度让人很容易放下戒备。跟别人相处我感到很累，但是跟你在一起总是很轻松，没有任何压力。"

沈竹这才恍然大悟，原来她曾经不受欢迎的经历，使她养成了谦卑的性格，正是这样的性格给她增添了新的魅力，让她有了与众不同的光彩。

有句诗写道："山重水复疑无路，柳暗花明又一村。"在柳暗花明之前，多数人都是要经历山穷水复的境地的。如果没有困境，生活会像白开水一样无味，我们自己也不会获得成长。一颗美丽的珍珠，在成长之中要经历很多痛苦与煎熬，但是只有这样的环境才能磨炼出珍珠的璀璨光彩，但愿每个女人都能在岁月的历练中成为一颗美丽的珍珠。

经历风雨，才更懂得生活

田震有一首歌叫《铿锵玫瑰》，是中国女足的队歌。女足队员比所有的运动员都艰苦，但是她们克服了一切困难，成为世界女足中的一支劲旅。人们也对女足姑娘非常敬佩，因为在风雨中坚持到底的女人是很有魅力的。

有一些女人一生没有经历过什么磨难，她们的生命是美丽的，但是因为没有经过风雨的历练，所以会缺少很多能量。

欣妍从小生活在一个很富裕的家庭里，她的爸爸是个外交官，两个哥哥都在美国定居。从小锦衣玉食的生活让她性格温顺。欣妍是个很听话的女孩，对父母孝顺，而且嫁给了一个好老公——一家公司的副总。老公平时对她非常关心，即使工作再忙，也总是抽出时间帮她做家务，在孩子的教育问题上也非常尽心。

欣妍在结婚之前没做过什么工作，结婚后因为在家闲着没事，孩子又长大了，所以她就在老公的公司里找了一个非常清闲的文员工作。

有一年，欣妍觉得公司里的人看她都有点怪怪的，眼神里都带着同情，她没往心里去。但是后来一件意想不到的事发生了，她的老公突然向她摊牌，说他和公司里的一个女员工已经交往一年多了，问她要怎么处理。

欣妍立刻崩溃了，她这才意识到为什么所有人都用那种眼光看着她。其实她老公和别人好的事全公司的人都知道，只有她一个人还蒙在鼓里。

因为她很单纯善良，从来没有把别人往不好的方面想过，老公的那个女朋友也和她见过面，还亲切地和她打招呼，她哪里会想到自己的老公已经有了情人呢？

面对欣妍手足无措的表情，老公不禁有些鄙夷，心想真是一个没有经历过苦难的女人，这回看你怎么办。变了心的男人有时是非常冷酷的。欣妍当时脑子里一片空白，只有一个念头：离婚。于是他们在两天之内就办好了离婚手续。

在他们离婚的时候，老公的女朋友请欣妍和她老公一起吃了一顿饭，欣妍想也没想就去了。

在饭桌上，她发现这个女人一点都不简单，行事说话都非常老道，还亲切地为欣妍和她老公夹菜。欣妍从那个女人的讲述中了解到，她是一个经历过很多苦难的人，正是那些困难使她有了坚强的性格，欣妍的老公在事业上也经常遇到很多挫折，但是欣妍不懂这些，她只懂得单纯地过日子，于是老公在苦闷的时候找到了这个女朋友，从此与她发展成为恋人。

欣妍失落而愤怒地告别她的老公，来到一个陌生的城市，她要在这里重新开始。她从小生活无忧，从来没遇到过什么困难，但是这次她决定完全靠自己。

她把5岁大的儿子安顿在一所条件较好的幼儿园里，自己则到各大公司去谋职。因为她以前的工作都非常简单，所以一时难以适应竞争激烈的公司环境，经过几次失败后，她就变得坚强起来，也更优秀了。

她的工作仍然是文员，每天都要应付很多工作，不过她都能够很快完成。每天下班后，她还要到幼儿园接孩子，晚上做完饭再为孩子辅导功课，把孩子安顿好后已经很晚了。第二天天不亮她又早早起来，送孩子，然后上班。

欣妍的父母看到女儿这样辛苦地生活，很不忍心，要给欣妍找一个保姆，被欣妍拒绝了，她就是要在这样的环境中锻炼自己，使自己活出不一样的风采来。

幸运的是，欣妍在工作的时候幸运地遇到了她的第二位真命天子。那个人在公司做技术管理工作，也是一个离过婚的人，妻子因为受不了他木讷的性格而红杏出墙了。在朋友的撮合下，他们组成了一个新的家庭。那个人对她很体贴，对孩子也照顾得无微不至。

在一次过年的时候，欣妍带着孩子回家看望父母，偶然遇到她的前夫。那时他已经和女朋友分手，事业也遭受挫折，生活很悲惨。

当他看到欣妍时，简直有点不相信自己的眼睛，这还是以前那个毫无生气的欣妍吗？经过这次挫折后，欣妍变得凌厉起来，虽然依旧温柔，却有了一种无法形容的神采在里面，令人刮目相看。前夫向她提出复婚，被她拒绝了，她现在的生活很好，已经不需要重新回到过去了。

有很多女孩都像欣妍一样，经历过风雨，才更懂得生活，更有魅力。风雨中的玫瑰是最美的，因为它有精神、有傲骨。百花中梅花是最受人赞美的，因为它不畏严寒，经历艰难以后散发出的美是令人震撼的，是摄人心魄的。

很多女孩外表很普通，但是因为经历过很多苦难，所以焕发出一种别样的气质来，让自己充满了魅力。所以女人应该学会在风雨中坚守自我，做一枝铿锵玫瑰。

叶娟和赵琳是一个警队的两个警员，她们都喜欢自己的上司陈星。为此她们总是较着劲。在训练时，如果叶娟跑100米，赵琳就跑200米；如果叶娟做50个俯卧撑，赵琳就做100个。

有了最危险的任务，她们抢着上，都想立功表现。然而最终陈星向叶娟表白了，他们成了眷侣，赵琳非常失落，感到自己所有的努力都白费了。

在一次执行任务中，赵琳和陈星分在一组。在关键时刻，赵琳冲在了陈星的前面，因为她想保护自己的心上人。最后赵琳受了很严重的伤，被送往医院。

陈星很过意不去，就到医院去看望她，赵琳沮丧地对陈星说："从小我就没有赢过谁，我喜欢的男孩最终都喜欢了别人。我只有不断地提高自己，使别人能够对我印象好一点，但是这种状况并没有改观。我最喜欢的人又再一次选择了别人。不过我心里已经不再对这件事耿耿于怀了，我祝你们幸福。"

看着赵琳辛酸却坚强的神情，陈星心里一阵难过。他当然早就知道赵琳对他的心意，但是他更喜欢叶娟，因为叶娟很有女人味，是需要别人保护的。而赵琳则很坚强，让他对自己的价值有所怀疑。可是当他了解到赵琳曾有过这么不如意的往事时，他眼中的赵琳一下子变了一个模样，变得很有魅力。

后来赵琳终究没有得到陈星的感情，但是她找到了一个更好的人做老公，是他们警局里的副局长。因为在一个阅历深厚的人看来，赵琳的气质和内在美更吸引人，也更适合做妻子。

有很多女人在生活中遇到困难就抱怨，觉得自己不该遭受这样的苦难，其实大可不必这样。在风雨中，女性刚强的魅力才会体现出来，就像玫瑰在风和日丽的天气下是很美丽的，但是这样的美并不生动。

只有经历风雨的玫瑰，才会鲜艳生动、摇曳生姿。每个女人都应该学会在困境中修炼自己的魅力，在困境中使自己的生活得到升华。

女人有泪悄悄地流

一个男孩问他的妈妈："你为什么哭呢？"

妈妈说："因为我是女人啊。"

男孩说："我不懂。"

他妈妈抱起他说："你永远不会懂得。"

后来小男孩就问他爸爸："妈妈为什么毫无理由地哭呢？"

"所有女人都这样。"他爸爸回答。

小男孩长成了一个男人，但仍旧不懂女人为什么哭泣。

最后，他打电话给上帝，当上帝拿起电话时，他问道："上帝，女人为什么那么容易哭泣呢？"

上帝回答说："当我创造女人时，让她很特别，我使她的肩膀能挑起整个世界的重担，并且又柔情似水。

"我让她的内心很坚强，能够承受分娩的痛苦和忍受自己孩子多次的拒绝。

"我赋予她耐心，使她在别人放弃的时候继续坚持，并且无怨无悔地照顾家人。

"我赋予她在任何情况下都会爱孩子的感情，即使她的孩子伤害了她。

"我赋予她包容她丈夫过错的坚强和用他的肋骨塑成她来保护他的心。

"我赋予她智慧，让她知道一个好丈夫是绝不会伤害他的妻子的，但有时我也会考验她支持自己丈夫的决心和坚强。

"最后，我让她流泪，只要她愿意，这是她所独有的。

"你看，女人的漂亮不是因为她穿的衣服、她保持的体型或者她梳头的方式。

"女人的漂亮必须从她的眼睛中去看，因为那是她心灵的窗户和爱居住的地方。

"每一个女人都漂亮。"

眼泪是女人感性冲破理性的最佳证明，当一个感性的女人，被美好的或者忧伤的事物牵动心扉时，她就会忍不住落下感动或者伤心的泪水，而一个理性的女人，却不会轻易地被攻破心理防线，她会隐忍住内心一切激荡的情绪，让自己保持冷静。

有人常说，女人很复杂，有时柔情似水，有时让人望而却步，一会儿感性，一会儿现实。就像歌中唱的那样："女孩的心思男孩你别猜 / 你猜来猜去也猜不明白 / 不知道她为什么闹喳喳 / 也不知她为什么又发呆……"

　　男人们似乎永远掌握不了那些游走在感性和理性之间的女人，女人让他们猜不透、看不明，可又偏偏欲罢不能地被吸引。

　　女人太过感性和太过理性都容易被外人看透，也更容易被别人抓住软肋，特别是那些对你有所目的的男人。

　　男人往往在最开始追求女人时，喜欢"投其所好"，追求感性的女人他们会用更多的甜言蜜语，浪漫招数，让女人应接不暇；而追求理性的女人时，他会表现得很理性，这方面男人天生就有优势。所以，女人为了保持爱情和婚姻的新鲜感和长久性，就必须要学会感性和理性的巧妙结合，在感性中透着理性的智慧。

　　一代才女林徽因，不但是中国第一代女建筑学家，还留下了很多的诗歌、小说等作品，更让三个出色的男人为她痴狂——一个是著名建筑大师梁思成，一个是诗人徐志摩，一个是为她终身不娶的学界泰斗金岳霖。

　　一个女人为何有这么大的魔力呢？美国学者费慰梅这样形容林徽因："她的谈话同她的著作一样充满了创造性。话题从诙谐的轶事到敏锐的分析，从明智的忠告到突发的愤怒，从发狂的热情到深刻的蔑视几乎无所不包。"

　　而美国另一位学者费正清在晚年回忆林徽因时，这样说道："她是具有创造才华的作家、诗人，是一个具有丰富的审美能力和广博智力活动兴趣的妇女，而且她交际起来又洋溢着迷人的魅力。在这个家，或者她所在的任何场合，所有在场的人总是全都围绕着她转"。

　　林徽因就是感性与理性完美结合的魅力女人，她既有着诗人般的浪漫多情，又有着建筑学家的冷静和理智，就是因为这样，男人们喜欢她，女人们羡慕她。

感性和理性在女人的内心占据着天平的两端，而且大多数女人感性都比理性要多，特别是当女人陷入情网之时，感性几乎主导着女人的一切，让女人不知不觉陷入爱情的旋涡中，无法自拔。

一天，一个女人走进了一家邮局，问邮局的报务员要了一张电报纸，皱着眉写完后扔了。接着，她又要了第二张电报纸，紧抿着嘴唇写完后又扔了。

写完第三张后，她把这张电报纸递给了报务员，并且一再叮嘱尽快发出这张电报。女人转身走后，报务员对这三份电报产生了兴趣。他把另外两张被那个女人扔掉的电报纸捡了起来，只见第一份电报纸上写着："一切都结束了，我再也不想见到你。"

第二份上写着："别再打电话，休想再见到我。"第三份的内容是："乘坐最近的一班火车速来，我等你。"

聪明的女人应该有一颗玲珑剔透的心，该感性的时候感性，该理性的时候理性，不要让过多的感性或者理性扰乱了你的生活、你的心，而要学着运用你的智慧你的思想，去展现你的才情和韵味。

一个有品位的出色女人，会学着依靠自己的感性和理性来应付社会上、生活中形形色色的人和事，她明白过于理性的女人显得太生硬，不会讨人喜欢；过于感性的女人显得太矫情，令人生腻。

她拿捏着感性和理性的砝码，当自己的天平倾向理性时，她就来点感性增加些惊喜；当自己的天平倾向感性时，她就加些理性让人尊重。魅力女人就应该像这样在感性和理性中不断修炼自己，不断提升自己！

生活会强迫我们咽下苦酒

有时候，生活会强迫我们咽下苦酒，尝遍苦咸的滋味，遭遇种种磨难和挫折。那么该怎么办呢？你无法逃避生活对你的考验，也无法摆脱厄运对你的纠缠，所以，要想让内心平和，就要学会遗忘。

现在很多女人都喊累，其实这很正常。女人的累主要是心累，而过分的心累是因为太多杂念造成的。女人的心思都比较细腻，下岗、和爱人吵架、离婚……

这些都是女人失意的原因，如果不能驾驭由此产生的"累"，而是一直抱怨，那么就很难从痛苦的阴影中走出来。

缅怀昨天的失意是脆弱的表现，迷失在痛苦的记忆里是可悲的事情。无法忘记过去的人，常常连今天也会忘记。沉迷于昨日，很可能会错过人生更美丽的风景和辉煌的未来。

上天赐给我们很多珍贵的礼物，其中有一种叫作"遗忘"，但是，人们往往过分强调记忆力，却忽略掉"遗忘"的美丽。

忘记昨天是为了让今天和明天更加振作，成功者怎么会为一时的得失而斤斤计较呢？他们都懂得怎样使昨天的失败变成明日的胜利。然而，想要忘记失意和痛苦，没有想象中那么容易。遗忘是需要时间的，可如果你不想忘记，那么时间再长也无济于事。

无论什么东西，既然失去了，就要潇洒一点。忘记烦恼，你可以轻松面对人生的每一次考验；忘记忧愁，你可以尽情享受生活赋予你的乐趣；忘记痛苦，你可以摆脱压力的纠缠，让整个身心沉浸在无忧无虑的宁静之中，体味多姿多彩的人生。

　　宁菲遭遇了事业的低谷，她是一家外企的艺术总监，本来工作干得有声有色，没想到企业裁员，她也在被裁之列。晚上下班时间，老板轻松的几句话就结束了宁菲在公司的日子，她措手不及，做梦都没想到自己会被裁掉。突然间没了工作，一下子让宁菲很茫然。

　　回家的路上，宁菲坐在拥挤的公交车里，看着窗外灯火通明，不知不觉就哭了。这是她的第一份工作，她十分重视，也付出了很多努力，一步步走到总监的位子，现在却什么都没有了。

　　失去工作的宁菲在家里昏睡了几天，她怎么都想不通，自己的业绩优秀，也是老员工了，怎么说裁就被裁了呢？高职位、高薪，真的就离自己远去了吗？宁菲很舍不得。

　　经过一段时间的自我反省，宁菲明白过来，再纠结这个问题一点意义都没有，不被辞，自己也不会静下心来思考工作中出现的问题，更不会明白在这个社会中生存是需要忍耐的。虽然心有不甘、有痛苦，但至少自己还有一技之长，应该能很快重新找到工作，一切从零开始。

　　丢掉失意的宁菲开始知道，工作经验就是一笔宝贵的财富，以后该怎么做人，怎么做事，下一步的人生计划是什么，都应该好好想想了。

疼痛给予人们坚持下去的勇气，正因为有了痛苦，才知道把握好活着的每一天是多么重要。

一般人往往很容易遗忘欢乐的时光，但对失意的经历却经常记起。也就是说，人们习惯淡忘生命中美好的事物，但对于痛苦的记忆却总是铭记在心，无形中给自己添加很多压力。

为什么会出现这种情况呢？难道是人们太笨拙了吗？当然不是，关键在于人们太过"执著"。人们很少静下心来检查自己已有的或曾经拥有的，总是看到或想到自己失去的和没能得到的，这当然注定了难以遗忘。

的确，有很多人似乎都太"精明"了，无论待人还是处事，很少能检讨自己的缺点，总是记得别人的不好以及自己的欲望。其实到头来，追求得太多，往往很难如愿——因为内心的虚荣让人们迷失了方向。

如果社会中的每个人都能换位思考，多想想对方的好处，检讨自己的缺点，把欲求尽量遗忘，也就不会有那么多的失望了。那样，人和人之间将会产生良性的互补，这才是我们乐意见到的。

学会忘记，是一件了不起的事，大多数人沉湎在过去的追忆中，而忽略了自己手中所拥有的美丽。学会忘记，也就是在生活的苦难中磨炼出的大智慧。

女人都是很重感情的，正因如此，有时会有很多解不开的心结，尤其是在感情上受了伤害，短时期内无法摆脱那种痛苦。但是，痛过之后生活还要继续，不要为了一时的失意而停滞不前，也不要为了一棵树木而放弃整片森林。

　　赵媛是个爱情至上的小女人，她对丈夫简直是一百个好，认识她的人都说她真是名副其实的贤妻良母。

每天，赵媛都在忙碌中度过，早早起床给丈夫准备早餐，工作再忙也尽量回家做饭。丈夫喜欢看足球，每每有球赛，丈夫就坐在电视机前，赵媛一定会摆好啤酒和小吃。她从不让丈夫做家务，宁可自己累得晕倒。

可是赵媛苦心经营的小家还是垮掉了，她被公派去海外进修，在想家的煎熬中度过了一年。当她激动不已地回到家，竟赫然看到家里出现了另一个女人，而丈夫没有丝毫愧疚，反而和那个女人一起把赵媛赶出了家门。

身心俱疲的赵媛极度失望，无家可归的她只好去了一个朋友的家里暂住。赵媛像祥林嫂一样，反复跟朋友说起自己失败的婚姻，说着自己对丈夫的好，朋友始终劝慰她："那样的男人不要也罢，失去他，你不还是要活着？难道你为他而活吗？"

这个道理赵媛也懂，但是她做不到，她不断回忆和丈夫在一起的日子，反复问自己为什么走到今天这个地步，越想就越伤心。

失意是自己给心灵加的一把锁。何必要拿别人的错误惩罚自己？忘记失意的过往吧，天空依然是蓝的，阳光依然是明媚的，没有什么事情不能成为过去，学着遗忘，才能学会潇洒地迎接新生活。

不要记着哪个朋友曾经欺骗过你，也不要计较恋人对你的背叛，忘记所有愤怒和耻辱，你会发现自己已经变得豁达和宽容，你已经完全能掌握自己的生活，更加充满信心、更加生动、更加有力量——你将是一个全新的你！

不惧压力，轻松生活

　　尽管现在是女性权利提升的年代，但是女人面临的压力从来没有减少过。在职场上，尽心工作，想要摆脱传统柔弱形象的女人们，比男人付出了多得多的努力，却不一定能获得同等报酬；在家庭生活中，社会观念还是倾向于女性照顾家庭的责任多过男性，承担家务、看护子女的问题也使职业女性必须扮演多重角色，辛苦劳累，还有很多的社会期待都是女人的压力源头。

　　根据世界卫生组织的统计，全球大概有超过 1 亿的人口患有忧郁症，其中女性人数为男性的 1.5 ~ 2 倍。这个数据应该引起所有女性的注意，女人在巨大的压力之下很可能会身心崩溃。

　　万露今年28岁，有一个两岁的儿子，是位积极寻找工作的家庭主妇。她结婚后与丈夫两个人贷款买了间40多平方米的小公寓，她还没准备好做妈妈，小生命却来到了，她便辞了工作在家做一名全职太太。

　　万露身材娇小，一张娃娃脸，笑起来有两个酒窝，很难想象她已经是个两岁孩子的妈妈了。

　　但是，她的唉声叹气和憔悴的面容显出她对生活的担忧："我以前皮肤很好，最近一直长痘痘，不知道跟心情有没有关系。照顾儿子是累，但也不至于有什么压力，但是儿子长大了怎么办？我丈夫一个月收入1万元，要还房贷，支付孩子的奶粉钱、生活费等，哪还有钱能存呢？孩子大一点了还要上幼儿园，去兴趣班，这又是一大笔支出。”

原本天性乐观的万露，做了母亲后不禁精打细算起来，准备重回职场了。万露担心年龄问题和母亲身份对工作有影响：“我还不到30岁，找工作还有机会，可是公司都不太愿意要结过婚、生过孩子的女人。”

万露夹在家庭与工作之间，虽然试着取得平衡，却感到力不从心。现实的经济压力逼得她不得不考虑重返职场，但她结婚生子又造成了工作上的断层，更让她害怕重新来过会无法适应，长期的压力让万露头疼不已。

和万露面临一样困境的女人应该学会调节心情，可以跟丈夫讨论一下，要给孩子怎样的教育环境，是否有必要去工作。如果下定决心回职场，就要试着补上离职期间的专业落差，通过进修提升实力，掌握复出的好机会。

研究女性压力方面工作的心理学专家说：“女性其实是一种很需要被别人支持的群体。所以，对女性而言，强大的后备力量显得尤为重要。”比如，你不小心割伤了手指，你一定会立刻找创可贴，同样的，当遇到烦恼事情的时候，肯定需要有人在旁边支持自己，给自己鼓励。

要很好地处理压力，必须要有强大的“后备力量”，无论是朋友还是亲人，都可以依赖，但必须要找到真正能帮到自己的人。如果你的朋友或亲人很乐观，不会把事情往坏的方面想，那么一定就可以帮助你解除心理压力。

当感到压力时，学会倾诉也是好办法。把压力和困扰告诉朋友也许能让自己觉得舒服，压力说出来，也就释放出来了，和朋友一起去喝喝咖啡，把困扰讲出来。但是一定要记住，千万别过度强调自己的压力，否则朋友也会觉得压抑。

压力大的时候，不要给自己安排太多工作。有些女人已经有很大压力了，却还要装出女强人的样子，接很多工作和任务，往往此时，她们的情绪会降到最低点，拼命地工作只会火上浇油。这些情况都应该避免，一定要记得把自己放在第一位，先考虑怎么放松，再去想其他东西。

缓解压力，还要懂得给自己更好的待遇。学会劳逸结合，在紧张工作之余，更要加倍呵护自己，感觉有压力了，可以泡个热水澡，去散散步，去逛街，或者安静下来看些书。只要自己喜欢，可以做任何让自己开心的事情。节假日和双休日，抛开手上的工作吧，和家人来个短途旅行，或举办个小型家庭聚会也是不错的选择。

相对家庭的压力来说，职场压力似乎更大一些，这一点在白领身上表露无遗。但从表面上看，白领女性是风光无限的，可是她们所遇到的压力却是一般人很少能遇到的。

一位30岁的某公司业务主管宋女士就有很大的困扰，她几经跳槽，终于在现在的公司站稳了脚跟。因为业绩突出，在公司里，她是老板眼中的红人、同仁眼中的女强人，工资不少，职位不低。

上班时，她有带空调的独立办公室，身穿面料高档的服装，中午，公司统一派送套餐。在一般人眼中，宋女士是让人羡慕的白领女性，可是，她和交往3年多的男友至今还只是同居，他们都想结婚，但是因为买不起房子，只能一直耗着。

在宋女士居住的大都市，买一套普通的房子也要上百万，她和男友根本拿不出那么一大笔费用。所以直到现在，他们还住在郊区的出租屋里，租金很低，条件简陋。

炎炎夏日，他们只能靠电扇应付难熬的夜晚。这么一来，她的生活就形成了鲜明对照：在公司里，宋女士是高贵的白雪公主，而一回到出租房，她就成了与出卖苦力无异的打工族。两者间的强烈反差，让宋女士和男友失去了结婚的信心，也让他们变得麻木不仁了。

遇到压力就要善于排解，使自己从压力中解脱出来。白领女性应该怎样给自己减压呢？

首先，别把人生的目标定得太高，追求过高的目标容易让人心累。人的能力是有限的，如果一个人只能挑100斤的担子，却硬要强迫自己挑120斤，那样只会使他感到筋疲力尽。

其次，要学会乐观地面对压力，保持自信和活力。女人要善于理顺各种关系，包括工作中的上下级关系、家庭成员关系以及朋友和邻里关系等。只有乐观，才能使自己充满自信，处理好各种关系。

感到压力，大哭一场也未尝不可。有时不必太坚强，哭是压力的释放，是情绪的发泄，就让压力随着眼泪流走吧，为了调节心情而流泪，绝不是懦弱的表现。

生活中能缓解压力的方法还有很多，比如欣赏欢快的音乐，或者去健身，让自己出一身汗，松弛一下神经，在身体极度疲倦的情况下好好睡一觉，把压力抛之脑后。

想成为幸福的女人，就要学会对压力说"不"，拒绝压力，向美好的生活迈进。

做自己感兴趣的事

"我很忙"，这是现代女性习惯挂在嘴边的三个字。很忙，是因为女人的时间被工作和家庭分割了，自己却没时间做一些感兴趣的事情，更别提怎么呵护自己了。

很多女人很忙，不仅忙工作，忙着照顾丈夫和孩子、忙着学习，而且忙着娱乐、休闲，给自己寻找希望。因为这样繁忙，女人常常像个陀螺一样在"时间"中紧张地旋转着，而不能享受其中的乐趣。

午饭时间，筱雨旁边坐了两个年轻小姑娘，一个对另一个说："哎呀，今天我的粉涂得太厚了，下次可不能这样了。"听了这话筱雨很羡慕，自己哪有化妆的时间，就是连用洗面奶洗脸的时间都没有。躺在抽屉里的保湿喷雾没用过，洗漱间架子上的名牌香水也处于自由挥发中，还有那些各式各样的面膜，早就过期了。

从下个星期开始，筱雨的工作又要忙起来了，一大堆报表，一大堆文件，还有离职的同事分摊给她的份额，让筱雨更加觉得时间不够用。

筱雨很想在回家的路上逛逛小摊，买些好吃的东西，或者回家看一部好电影，逛淘宝，看看常光顾的小店有没有新品。可是她没有时间，为了完成工作任务，每天熬夜加班，长时间盯着电脑，眼睛发干发涩，只好滴眼药水救急。

她的同事雨诗比她强多了，照样上班下班，因为刚买了新房，下班还要回家搞装修。雨诗虽然瘦瘦的，但是身体里就像蕴涵着无穷的能量，婚姻照样甜蜜幸福，真是事业家庭两不误。雨诗每天来上班，都是美美的、优雅的，让筱雨羡慕不已。因为雨诗说过："忙的女人不会太优雅，不应该让自己太忙。"筱雨很赞同这句话，但她做不到，因为有太多的无可奈何了，她不知道自己这么忙到底是为了什么。

要想从忙碌和紧张的生活中解脱出来，就要学会合理安排时间。既不能虚度光阴，又不能把自己置身于不停歇的压力中。如何能够安排好时间，以便自己能做感兴趣的事呢？

这里要说的是"时间管理"这个概念。所谓"时间管理"就是指一个人在一定时间内，以正确的处事观念和处事方法利用和开发自己的时间资源，全力为自己的目标奋斗，使自己的成就达到最高。

要从心理上接受忙碌，态度就要积极一些，把忙碌当成生活中一件重要的事情。这样自然就少了一份抱怨的情绪，就更有充足的精力和心情来享受忙碌中的忙而不乱。

忙碌的人之所以有心情享受，是因为他们能够计划时间和管理时间。这就像在高速公路上行驶，如果车辆都很守规则，你不仅可以开车，还可以享受"兜风"的惬意。反之，你可能会手忙脚乱，疲于应付，没有时间和心情去享受风景了。如果遇到一大堆的事情不知从何处下手，不妨列一张详细的时间计划表，并标注出最重要的，按照重要与否的先后顺序来完成，能节省不少时间。

　　想要不太辛苦，还要赋予"忙"新的意义。不要为了忙而忙，否则压力会很大，不断告诉自己忙碌是为了什么，看清楚自己的责任、时间的价值和所忙事情的意义所在，善于站在一个较高的角度看待比较忙碌的生活。

　　学会取舍同样重要。随着年龄的增长，"学会放弃"已经成了很重要的课题。得与失的权衡是忙碌的女性一定要面对的。女人不应该太追求完美，应该给自己一个合理的期望，给自己一个"舍"的承受力。

　　文洁在一家外企已经工作了8年，目前是人事资源部的经理，除了正常工作时间外，几乎每天都要加班，还要经常出差。她的小女儿刚刚两岁，尽管如此，她在生活中还是不言放弃，把生活安排得"错落有致"。她说，时间像河水，看你怎么引导它来灌溉你的农田。

　　文洁习惯每天早上把要做的重要事情罗列出来，这样就不会被一些不太重要的琐事干扰，否则重要的事情到了下班都不一定能办完。作为职业女性，她即使再忙，也不放弃对自身气质的培养。

　　为此，她做了如下安排：每周一做一两次健身，比如去游泳、打网球、去健身房，两个星期做一次美容，每月有一个周末和朋友一起购物、吃饭或看电影。

　　"这些都是有计划的，不能随心所欲更改。"文洁说，她的生活在计划中有规律地进行着，她的计划还包括每半年或一年和老公、家人去旅行一次。

　　平时文洁下班回到家里，女儿已经睡了，但她尽量让自己每周三晚上七点到家，在这个晚上多陪陪女儿。周六周日她在家做全职母亲，虽然文洁的爱人也很忙，但是他承诺，周末与家人在一起，一家三口出去玩。

　　生活中有计划，并且严格遵守，文洁认为这一点很重要。

　　忙是被时间所支配，被事情拖着走的，人会变得很被动，如果想在时间中占领主动，就要有计划地安排时间。

　　想要让自己在忙碌中得到放松，充足的睡眠是不可忽视的。一方面，睡眠有利于女人的皮肤健康；另一方面，睡眠还能帮助缓解压力。

　　合理安排时间也需要动脑筋，把工作和休闲完美地结合起来，无形中就增加了可以利用的时间，从而达到事半功倍的效果。而且，有了想法就要付诸行动，不要一味地等待，对忙碌的人来说，时间是"挤"出来的，而不是等出来的。

　　当时间被合理利用和支配时，平常的工作和生活就会变得井然有序、富有节奏感，变得可以欣赏。女人要使一切有条理，让时间不再成为无可奈何的东西，而是有节奏、有生命的随行者。

接受生活，才能被生活接受

　　著名学者周国平说："男人懂得人生哲学，女人懂得人生。"

　　生活是一道复杂的大餐，能不能把这道大餐做得美味，就要看对待生活的态度是什么了。现代女性要扮演多重角色——母亲、妻子、女儿、员工，面对这么多角色，有的女人愁眉苦脸，有的女人则好像天生不知道烦恼是何物，她们工作勤勉、操持家务、养儿育女，每天都是那么快乐。

其实，她们在生活中遇到的烦恼不见得比别人少，区别在于对待问题的态度和看法不同。在快节奏的现代生活中，轻松快乐的心态能帮助人们克服困难、摆脱逆境。

开心生活是一天，悲伤生活也是一天，为何不开心地度过呢？开开心心总胜过满面愁容、自怨自艾。

接受生活，就要选择快乐，找到自己最闪光的一面。快乐是什么？快乐是内心的愉悦感觉，是心情愉快，内心平和轻松。想象一下，在阳光灿烂的下午，忙碌了一天的你置身于一片紫色的薰衣草田野中，深深呼吸那沁人肺腑的香气，享受心灵的放松与宁静。

如果能具备自我调节、自我完善的能力，并清楚哪些事情是必须做的，那么你的性格中就会有闪光的一面。

女人使世界绚丽多彩，每个年龄段的女人都有独特的魅力：18岁时拥有灿烂青春，20岁时俏丽纯洁，30岁成熟稳重，40岁睿智平和，50岁沉着内敛。在不同阶段，丰富女人自身的内涵，是吸引众人目光的根本所在。

你可能不是个美丽的女人，但是绝对可以做个快乐阳光的女人，给家人带来快乐，给同事带来慰藉，给自己带来自信。

快乐的女人知道怎么调节自己的情绪，她们善于从身边寻找快乐，哪怕快乐很细微；她们失意时不悲天悯人，得意时也不大肆张扬，而是默默品味；羡慕别人，并以别人为目标，却不嫉妒；她们会由衷赞美生活中的一切，比如早上的阳光、傍晚的余晖、朋友的新衣服、丈夫的工作业绩，等等。

由生活、工作所产生的心理压力是不可避免的，对待的方法不应是回避，而应正确处理。再糟糕的生活也必须接受，正确处理其中的各种问题，得到的回报将是快乐和自信；相反，被动、应付的做法则会使人疲惫不堪。

面对压力，女人有两件有力武器：第一件是周密的计划，以此来保持头脑清醒，明确先做什么后做什么；第二件是灵活性，因人、因事而适当地做出调整。

女人都有虚荣心，会不由自主地比较爱人、孩子、房子，车子等，由此常有女人抱怨自己过得如何不顺心。生活的真谛不在于拥有什么，懂得珍惜现在，把握住值得把握的东西就能得到快乐。

快乐女人知道热爱生活、享受生活，虽然很平凡，却会生活得很滋润。她们善于经营浪漫温馨的港湾，会处理好家庭关系，对老人孝顺有礼，对爱人体贴入微，对孩子关怀备至。忙时不慌不乱，遇事沉着冷静，闲时种花养草，听音乐、看书、读几篇美文。

她们有颗平常心，懂得被欲望充满的心是不会感到快乐的，但又不自甘平庸，能脚踏实地干好自己的工作。

接受生活，还要学会知足。

俗话说：知足者常乐。这里所说的知足并不是不思进取、故步自封，而是一种豁达的人生态度以及平和的心态。懂得知足的女人才能发现生活中点点滴滴的快乐，她们单纯而敏感，有极佳的人缘；她们清楚自己追求的是什么，付出的是什么，期望的是什么，并能正确做出选择。

　　朋友们都说刘莉是个容易满足的小女人，大学毕业后，有的同学找到了好工作，刘莉却去了一家刚起步的小公司。有同学奉劝刘莉应该找个大公司，那种小公司没什么前途，刘莉摇摇头说："我觉得挺不错的，工作不是很累。"

刘莉从不美慕别人的高薪水、好职位，她似乎永远都是知足的。男友送她礼物，哪怕不是很贵重的，她也会高兴半天，她总把"不错""已经很好了"挂在嘴上，整天乐呵呵的。

不久，刘莉结婚了，婚礼的排场不是很大，只请了家人和几个要好的朋友。大家说女人一生的大事，办得有些太简单了，穿着洁白婚纱的刘莉笑得眼睛弯弯的："多好啊，我就喜欢这样，这样才温馨。"

知足的女人对生活的要求并不高，她们总能轻松地接受生活，喜欢愉快地活着，不喜欢压力。她们心平气和、与世无争，懂得从简单生活里品味出愉悦，懂得从自己有限的能力中得到满足，这既是一种智慧，又是一种对生活的理解。

接受生活，也不要忽略自己的身心需求。

有的女人孩子成绩好就高兴，丈夫升职了就高兴，却忘记了自己的快乐在哪里，不注重自身的需求。其实，面对爱人，如果需要什么，就要说出来，应该明示而不是暗示，这样做也许会赢得爱人更多的爱和尊重。

在生活中，家庭成员在不同的时间都有不同的需求，对于自己的需要，不要因为觉得那是自己应该付出的而掩盖，否则就会委屈了自己。发愁、烦恼甚至发脾气大吵大闹都没有用，那样只不过是为了一些没必要放在心上的过失而惩罚自己。

安阳是一家美容公司的总裁，无论多忙，她每天都坚持午休一个小时，以保证充足的睡眠。她说："所有问题都会因为睡眠不足而变得难以解决。女人首先要照顾好自己，才能做好该做的每一件事情。"

如果她感到烦恼，她总是设法找知心朋友聊聊，或者在必要时去请教心理医生，以此排解不良情绪。安阳的快乐秘诀是：感到疲劳或烦恼时，绝对不强迫自己工作。

经历过寒冬的人，最懂得春天的温暖，只有真正理解了生活的含义，才会真正地热爱生活。

快乐女人有爱心，没有爱心的女人是不会真正快乐起来的。热爱生活的女人心地善良、热爱家庭、热爱工作、关心周围的人。她们不仅会为不幸的人抛洒同情的眼泪，也会向急需帮助的人伸出援助之手，容易被感动，也以自身感动着别人。

懂得接受生活的女人，才会被生活接受。

善待自己，不为生活所累

有一位成功人士在总结他的成功经验时说：人只有活得自我，才有可能成功。人生在世是短暂的，为什么要和自己过不去？善待自己，就不会整天都抱怨，至少自己对自己好，心里就会平衡，也就不再介意别人的眼光了。自己体谅自己的心情，会发现生命是有乐趣、有关怀的。女人为什么要善待自己？因为只有先学会爱自己，才能知道怎么去爱别人，才能活出灿烂的人生。

善待自己的前提是自强和自立，这是真正善待自己的一个立足点。自强自立的女人才能扛得起大风浪，才不会依附别人，不迷失自己。

女人善待自己的元素是自信和自我。不会善待自己的人就不会生活，生活如同一杯鸡尾酒，醇香的口感是需要自己调试的——更多的是心理上的调试。

任何人给的呵护都不如自己呵护自己，逛街、购物、美容、散步，哪怕只是在树荫下坐一坐，闭上眼睛听听鸟叫声，或者什么都不想，都是对心灵的一种净化。女人要有自己的特质，不要失去个性，应该坦然地迎接从年轻到成熟再到衰老的过程，只有正确认识了一个人的生命形态，心才会放宽。

女人善待自己要自然、自在。一个自然的人，才能自由自在地活着，回归自己的内心世界。女人要选择适合自己和自己最喜欢的生活方式，做一个内心自由快乐的人。

魅力女人的举止应该是端庄、大方、稳重的，她们永远知道如何来保持自己最美的一面，即使做了母亲，她们也不会放弃自己美丽温柔的形象，那种美丽不依靠珠宝和化妆品装饰，而是在举手投足间的自然流露。要想活得精彩、活得有魅力，女人就要善待自己。

善待自己，必须善待自信。这里所说的自信不是自以为是，也不是自作聪明，而是相信自己。充实的知识和好的道德修养都能帮助女人树立自尊自爱、自立自强的人格。相信自己，不能自傲、自卑、自暴自弃；相信自己，不怕磨难和挫折；相信自己，一切美好的追求和希望，将在彼岸寻找到。

女人永远不要把自己定位成男人的附庸，应该珍惜自己所拥有的，坦然面对自己没有的，调整好心态，自己了解自己、心疼自己，学会寻找快乐。现实生活中，很多女人不懂得怎么对自己好一些，甚至成了牺牲品。有个女人在博客里写道："只要你开心就好了，我的幸福并不重要。"这种话不免让人心生悲凉，如果你都不觉得自己重要，那还指望谁来关心你幸福与否呢？试问，放弃你的幸福，你爱的人就会幸福了吗？这不是无私，而是自私！

善待自己，必须善待自己的角色。女人在社会和家庭中不会是一种角色，而是身兼数职。在工作单位里，既是上司的下属，又是下属的上司；在家庭里，既是父母的女儿，又是丈夫的妻子，还是孩子的母亲。不同的对象，就会对女人有不同的期待和要求；不同的角色，就要担负不同的责任和义务，这就需要女人做好角色转换，随时随地适应需要。

善待自己，必须善待友谊。一个人的天空是狭小且单调的，由友情编织的天空则是广阔、灿烂的。友情能给生活增添情趣，让女人更多地洞悉外面的世界。忧伤时，有朋友与你分担伤痛，会减轻几分痛苦；欢乐时，有朋友跟你共享快乐，会使快乐变成双份。友情是人生中一笔无价的财富，不要因为种种理由而忽略朋友的存在。

善待自己，必须善待生命。女人是一片不衰的风景，一个真正追求精彩生活的女人，会不断充实自己外在和内在的双重世界，拥有透露温婉的内在美，也不缺乏让人赏心悦目的外在美。

女人学会打扮、修饰自己很重要。什么年龄段的女人，有什么样的打扮，都能显示出自己的独特个性。每个女人都想展示自己的女性魅力，但表现方法各有不同，是否拿捏住了分寸，则表现了女人的修养与智慧。

自从有了女儿后，云珍最大的愿望就是做个贤妻良母，做任何事情都先考虑家庭，考虑女儿，一直很节约，想为自己买点东西时总是前思后想，舍不得花钱。

因为是读研究生时结的婚，并且生了女儿，开销很大，从那时起，云珍没有给自己添置过衣服，甚至没用过一支洗面奶。那时云珍一家在东莞，住在离老公单位不远的小房子里，老公经常责怪云珍穿的衣服太旧，云珍起初没在意，以为老公是怕他的同事看见自己的老婆穿成这样，没面子。直到有一次和老公逛街，老公的视线一直停留在一个打扮入时、光鲜亮丽的女人身上，云珍才意识到，女人不能对自己苛刻，要学会对自己好，爱护自己，默默地做个贤妻良母是得不到认可的。

云珍不停地告诉自己，一定不要做个黄脸婆，要做个自信、漂亮的女人，于是她狠下心来去美容院做了全套的皮肤护理，打折下来一共五百多元。她有些心疼，但又一想，只有爱自己的女人才能得到爱，才能让自己的家庭更稳固。从美容院出来，云珍又去做了新发型，理发师连夸云珍的头发发质很好，这是她自己都没留意过的。

回到家，云珍的改变让老公惊喜不已，她也非常开心，及时拯救了自己的美丽，一切还不算晚。

美丽是由自己掌握的，而不是别人赐予的，女人应该懂得呵护自己、体贴自己，用最好的状态迎接生活。

这个世界上有许多女人在承受痛苦，其实有很大一部分原因是由于自身的选择，没把自己放在好的位置上，而不是命运的安排。活给别人看，总把目光放在别人身上，最大的难处是怎样处心积虑地战胜别人；活出自己，最大的难处是如何持之以恒地完善自己。女人要为自己打开一扇通往美好生活的心灵之门，不断地调整自己，让自己每天都心情灿烂，让自己每天都快乐，让自己不被生活所累。

女人要善待自己，把握好生活的每一天，希望每个女人都能像花儿一样盛开，清润如泉水，幸福像蜜糖一样。

储蓄能量，别让自己受伤

有太多生活不幸福的女人，一直承受着男人想象不到、无法感受的忧虑和无助。她们背负着重担，承受来自社会方方面面的压力，辛苦地工作把健康值降到最低，却又不得不奔波劳累，男人们的爱与日递减，不再重视身边女人的存在，忘记哪天是他们相爱纪念日，再加上养家的压力、生儿育女的责任，女人的能量彻底消耗尽了。

女人做错了什么吗？不，没有！女人还能再要求什么吗？也许别人不能满足你的要求，但是自己能办到，把丢失的能量找回来，并好好储蓄，为将来的美好生活做准备。女人只能改变自己，而不是改变别人，千万小心不要把能量用在不该用的地方，透支了体力。不够自爱，付出一切的结果只是换回虚弱，想不受伤，就应该做到收放自如。

陈欣一直为了男友默默付出着，她是个骨子里有点浪漫的女孩，向往童话般的爱情。男友喜欢上了什么东西，她会二话不说买下来，虽然她的薪水也不是很多。

除了上班，陈欣的业余时间都花在了男友身上，洗衣做饭煲汤，还要隔三岔五给男友那凌乱不堪的家来次彻底大扫除。男友的脾气越来越大，朋友们都说是陈欣给惯出来的，陈欣不以为然。

即使对男友无微不至，男友还是能挑出毛病来，动不动就用"鸡蛋里挑骨头"的姿态跟陈欣说分手。离开男友的陈欣独自伤心，也想把他忘记，但每次男友一提出复合，她马上就心软了，又回到男友身边，继续做"小保姆"。

无疑，陈欣把过多的体力和精力都消耗了，并永无止境地消耗着，没给自己留有余地。遇到喜欢玩分手游戏的男人怎么办？只需要淡淡地对他说一句："对不起，我忘记被你疼爱是什么感觉了。"

别让自己受伤，把能量储备好，以后还有更长的路要走，缺少能量和温暖怎么行呢？

心理学上有个著名的"火柴棒效应"———一根火柴棒的价值不到一毛钱，一栋豪华别墅价值数百万元，但是一根火柴棒却可以摧毁一栋房子。看似微不足道的破坏力一旦发作，其摧毁的力量无法抵挡。

生活中的"火柴棒"都包含些什么呢？它就是无法自我控制的激动情绪，不理智判断形成的决策，顽固不化、钻牛角尖的个性，狭隘自私的心胸。这些负面的能量随着时间一天天累积，爆发出的威力是无穷的，它会彻底毁了本来还不错的生活，让自己的心情沉到谷底，很难有所扭转。每个人都有被放逐的人生，比如失业、被爱人抛弃、家庭不和谐，这些都再正常不过了，关键是怎么对待这样的人生。

你是要释放出内心的魔鬼还是天使？放出魔鬼的人，抱怨，自暴自弃，将永世不得安宁，做了生活的囚徒；放出天使的人，努力，宽容，自省，即使遇到天大的困境，也能获得重生。

必须接受生命里注定残缺或是难以如愿的部分，必须接受那些被认为是无法接受的事情。世界上总有一些无法抵达的地方、无法完成的心愿、无法占有的感情、无法修补的缺陷，关键是如何看待。

都说女人像猫，妩媚，又带有一点慵懒。为什么猫咪看起来无忧无虑？因为它们的脑海里有一块橡皮擦，很少对外界关心，也不会留恋主人对它的好，只是琢磨怎么让自己好好享受一番。所以，女人对过去的事情不用耿耿于怀，像猫一样潇洒地活着，凡事看开一些、看淡一些，没有过不去的坎。

一位女性心理专家说，人的一生平均有 75 年的寿命，除去懵懂无知的儿时和白发苍苍的老年，可以顺畅度过的大概有 65 年的光阴。

如果每月去电影院看一部电影，65 年就是 780 场；如果每年旅行 4 次，65 年就是 260 次；如果每月吃 5 次大餐，65 年就有 3900 次美味；如果每年买一套名牌衣服，65 年就有 65 套华服加身；如果每月读两本好书，65 年就能有 1560 本的精神食粮；还有，扣除发呆的时间，每天工作半天，65 年间至少有一半以上的时间用来营造自己的理想生活。就这样累积下去，不断为自己储备新的、健康的正面能量，生活会变得多么美好。要想成为"能量型"女人，首先要有乐观心态，随时把快乐存储起来，美丽的容颜有一天会老去，而乐观的心态是永恒的，女人会因为乐观而变得更加美丽。

其次，"能量型"女人不会过度浪费自己的精力。要在合适的时间做合适的事，别把体力浪费在无休止的家务中，学会安排自己的时间，家务要做，身体健康也很重要；别把精力浪费在不合适你的男人身上，也别试图去改造他，女人要爱自己，男人才会爱你，不然，你在男人眼中只是个廉价伴侣罢了。没有完美的事情，凡事不必要求尽善尽美，否则，跟你相处的人也会觉得疲惫。

最重要的一点是，摆脱负面能量，摆脱过去的不快，让阳光照耀每一天。当不开心的时候转移情绪，换个角度看世界，也许有意外的收获。

秦怡在一家广告公司的市场部上班，每天都要面对大量工作，加班是家常便饭，有时连休息日都过不安宁。办公室里，常能听见同事怨声载道："又加班，什么时候能熬出头啊？"

秦怡却总能在这片抱怨声中踏实地工作，跟她要好的同事很好奇，就问："你工作为什么那么快乐啊？我就做不到。"

"很简单啊，"秦怡笑着回答，"把工作看成爱人，而不是一份简单的体力、脑力劳动，想想看，在工作中能学到那么多经验，何乐而不为呢？"

秦怡认真的工作态度给她带来不小的动力，工作中，她发现了给客户提案中的一个错误，为公司挽回了不小的损失，她因此被老总提升为客户经理。

在工作中储备能量能提升工作效率，在生活中储备能量则能使人生多姿多彩，当用快乐的心情迎接新一天的时候，眼睛里的世界也是无比广阔的。

阿莲和丈夫很懂得怎么去生活，他们做了一个简单的计划表，内容是这样的：

星期一：晚饭后，一起下跳棋；

星期二：晚饭后，下围棋；

星期三：晚饭后，看一部经典影片；

星期四：晚饭后，出去散步；

星期五：晚饭后，大扫除，男士负责擦玻璃和家具，女士负责洗衣服和拖地板；

星期六、星期日：睡到自然醒，去郊外散心。

这就是在生活中慢慢积累起来的爱的礼物，平凡却温馨。

其实女人自己就是上帝，当我们储备了许多正面能量并为将来努力的时候，听见了吗？整个宇宙都在回应："遵命！"